菜根谭的智慧

〔明〕洪应明 编著
鲁一帆 编译

南京出版传媒集团
南京出版社

图书在版编目（CIP）数据

菜根谭的智慧 ／（明）洪应明编著；鲁一帆编译
. —— 南京 ：南京出版社，2018.10

ISBN 978-7-5533-2411-1

Ⅰ.①菜… Ⅱ.①洪… ②鲁… Ⅲ.①个人－修养－中国－明代②《菜根谭》－研究 Ⅳ.①B825

中国版本图书馆CIP数据核字（2018）第201682号

书　　名：菜根谭的智慧
编　　著：〔明〕洪应明
编　　译：鲁一帆
出版发行：南京出版传媒集团
南 京 出 版 社
社址：南京市太平门街53号　**邮编**：210016
网址：http://www.njcbs.cn　**电子信箱**：njcbs1988@163.com
天猫1店：https://njcbcmjtts.tmall.com　**天猫2店**：https://nanjingchubanshets.tmall.com
联系电话：025-83283893、83283864（营销）025-83112257（编务）

出 版 人：项晓宁
出 品 人：卢海鸣
责任编辑：金　欣
装帧设计：周　正
责任印制：杨福彬

策　　划：日知图书（www.rzbook.com）
印　　刷：北京文昌阁彩色印刷有限责任公司
开　　本：710毫米×1000毫米　1/16
印　　张：12
字　　数：180千字
版　　次：2018年10月第1版
印　　次：2018年10月第1次印刷
书　　号：ISBN 978-7-5533-2411-1
定　　价：49.00元

营销分类：国学

前言

《菜根谭》成书于明代万历年间，400 多年来，广为流传，历久不衰，人们对其评价颇高。古人云：“性定菜根香。”又谓：“咬得菜根香，寻出孔颜乐。”

《菜根谭》不囿于一家之见，而熔儒、释、道三家思想于一炉，以儒家的入世思想为经，佛家的出世思想与道家的清静无为思想为纬，从提高人的素质和品位入手，提出了一套完整的做人、处世、修身、养性的方法体系。其语言精警、文辞隽永、含义深邃、易懂好记。正是因为《菜根谭》中的这种智慧，使其有别于那些消极避世、空疏玄谈的劝诫箴言书；也正是因为不同时代、不同国别、不同阶层的人都能从中嚼出一番滋味来，所以使得此书能够流传海内外。故此，编者重新演绎《菜根谭》，得此《菜根谭的智慧》，以浅薄的理解和世人共探讨几百年前的智慧之书。

《菜根谭》有多种版本传世，本书在参照各种权威版本的基础上，精心筛选出最具可靠性、时代性、契合度的经典原文。为便于阅读，编者将全书分为处世篇、修持篇、养身篇、闲适篇，并编制了主题目录。书中详尽的“注释”和准确流畅的“译文”，更便于您去阅读和理解；独特的“解读”，意在扬弃封建糟粕，赋予时代新义，为您处理社会问题提供有益的借鉴。

《菜根谭》这一旷古稀世的奇珍宝训，从生活的方方面面教导我们如何面对现实人生的苦难和复杂的人际关系，从而养成刚毅坚韧、与人为善、处世恬淡的健康人格，让我们能够悠闲从容地度过每一天。

目录

菜根谭的智慧

CONTENTS

处世篇

修持篇

养身篇

闲适篇

处世篇

退即是进　与就是得

处世[①]让一步为高，退步即进步的张本[②]；待人宽一分是福，利人实利己的根基。

注释

①处世：审度世间，即一个人生活在社会中，与人往来相处的基本做人态度。②张本：为事态发展预先做的舆论或行动上的安排。

译文

为人处世要有退让一步的态度才算高明，因为现在让一步就等于为日后进一步做好准备；而待人接物以宽厚态度为快乐，因为给他人方便实际上是日后给自己留下方便的基础。

解读

“手把青苗插满田，低头便见水中天。六根清净方为稻（道），退后原来是向前。”布袋和尚的这首《插秧诗》点出了小生活中的大智慧。其实，日常生活中随处可见退即是进的例子：浆往后划，船舶才能前行；弓往后拉，箭矢才能向前；拳头回收，打出去才更有力量……因此，我们待人处世时要学会退让。随着社会的日益发展，堵车已经成了大小城市的通病。其实很多情况下的交通堵塞，都是由车辆之间互不让行导致的。在交通不畅或道路狭窄的地方，如果谁都不肯相让，见缝插针似的不停加塞，最终必然盘根错节酿成大堵车。若是有人停下来让别人先行一步，那么他自己也会有宽平之路可以轻松通过。所以，为人处世学会退让，待人接物学会宽容，在给别人方便的同时，也为自己留下后路。

让名远害　归咎养德

完名美节，不宜独任，分些与人，可以远害全身[①]；辱行污名，不宜全推，引些归己，可以韬光[②]养德[③]。

注释

①远害全身：远离祸害，保全性命。②韬光：韬，本义是剑鞘，引申为掩藏。韬光是掩盖光泽，比喻掩饰自己的才华。萧统《陶靖节集序》："圣人韬光，贤人遁世。"③养德：修养品德。诸葛亮《诫子书》："君子之行，以静养身，以俭养德。"

译文

完美的名誉和高尚的节操，不要一个人独占，分一些给旁人，才不会惹他人嫉恨招来祸害，从而保全生命；耻辱的行为和不利于己的名声，不可以完全推卸到他人身上，要自己承揽几分，才能掩藏自己的才能从而提高品德修养。

解读

清末湘淮二军，湘军美名传世，对淮军众人则颇有诟言。什么原因？湘军做事推功，必称众人；淮军邀赏，专损盟友。鄂西"剿捻"之战，淮军将领刘铭传在战后上表叙功之时，不但不据实共请，反而无中生有，诬诉湘勇鲍超。由此可见二军声名不同。

天道忌盈　业不求满

事事留个有余不尽的意思，便造物[①]不能忌我，鬼神不能损我。若业必求满，功必求盈者，不生内变，必招外忧[②]。

注释

①造物：指创造天地万物的神，通称造物主。《庄子·大宗师》："伟哉！夫造物者将以予为此拘拘也。"②外忧：外来的攻讦、忌恨。

译文

做任何事情都要留余地，不要把事情做得太绝，这样即使是造物主也不会嫉妒我，神鬼也不会伤害我。假如一切事物都要求尽善尽美，一切功劳都希望登峰造极，即使不为此而发生内乱，也必然会为此而招致外患。

解读

俗话说："利不可赚尽，福不可享尽，势不可用尽。"就是让我们做任何事情都要留有余地，适可而止。

做事求全求美，这本身并没有错。你只要清楚地知道物极必反、盈满则亏这个道理，就无须为一时的不完美而懊恼。人生在世就是这样，有高峰就必然有低俗，事情到了一定的限度必然会发生质的变化。所以，我们可以追求完美，但不能要求一定达到完美，凡事不可太过强求。

做人也不可太过固执。在现实生活中，我们总免不了受到别人有意或无意的伤害。如果真遇到这种事情，没必要太理直气壮地把人逼得毫无退路。俗话说："饶人一条路，伤人一堵墙。"我们在为别人留下余地之时，也是在为自己留下了一条后路。这个世界上，没有什么是不变的。不给别人留余地，一旦事情有变，就会使自己陷入难堪的境地。

责毋太严　教毋过高

攻[1]人之恶[2]毋太严，要思其堪受；教人之善毋过高，当使其可从。

注释

①攻：抨击、指责。②恶：本指罪过、罪恶，此处指缺点、隐私。

译文

责备别人的过错时不可太严厉，要考虑到对方能否承受；教诲别人做好事时，不可期望太高，要顾及对方能否做到。

解读

古人云："唯恕平情，唯俭足用。"儒家强调在人际关系上要讲一"恕"字，对人不可太苛太严，尤其对别人的过错，要有一种宽厚的态度。在批评别人时，要照顾到别人的情绪和接受能力。教诲别人，要给人以如沐春风、和风细雨、清风徐来的感觉。

网开一面

夏朝末年的一天，商汤遇到一位捕鸟人，只见他在地上张开四面大网，口中念念有词地说："不论是天上飞的，还是地上跑的，都快到我的网里来吧。"商汤走过去对捕鸟人说："你四面张网，岂不是要把鸟儿捕尽杀绝吗？"捕鸟人说："你是头人，你怎么说我就怎么办吧。"商汤说："留三面就行了。并且要说，能飞上天的就飞吧，能在地上跑的就跑吧，既不能飞也不能跑的就到网里来吧。"这件事传开后，人们知道商汤是一个心地慈善的人，都衷心拥护他　后来帮助他推翻夏王朝，建立起商朝政权。

无过是功　无怨即德

处世不必邀[1]功，无过便是功；与人[2]不求感德[3]，无怨便是德。

注释

①邀：求，谋取。《论衡·自然》有云："尧则天而行，不作功邀名。"②与人：帮助别人，施恩于人。③感德：感激他人的恩德。

译文

人生在世，不必刻意去谋取功劳，其实只要没有过错就算是功劳；救助人不必要求对方感恩戴德，只要对方不怨恨自己就算是恩德。

解读

"无过是功，无怨即德"，即是劝诫人们不要有刻意求功、施恩图报的虚荣不实之心。一个人只要能够兢兢业业、踏踏实实把自己分内的事做好，力争不犯过错，这便是对社会最大的贡献。同时，天下父母无不以此准则看护自己的孩子。父母一生养育，一世辛劳，对子女却一无所求，这便是所谓的"只要你过得比我好"。父母对子女的这种宽厚淡泊之情，实在是人间最淳朴、最无私的真情。

【品味菜根】

舞蝶游蜂，忙中之闲，闲中之忙。落花飞絮，景中之情，情中之景。

——陈继儒《小窗幽记》

忧勤勿过　待人勿枯

忧勤[①]是美德，太苦则无以适性怡情[②]；澹泊是高风[③]，太枯[④]则无以济人利物[⑤]。

注释

①忧勤：忧患劳苦。②适性怡情：顺应自然天性，使心情愉快精神爽朗。③高风：高尚的风范或高风亮节。④枯：已经丧失生机的树木，此处有过于刻板清淡、不近人情的含义。⑤济人利物：救助世人，报效天下的意思。济，救助、帮助。物，泛指社会上的人和事。利物，就是有利于天下。

译文

忧患与勤劳是一种很好的美德，但是过度劳苦，精神得不到调剂便会丧失生活乐趣；把功名利禄看得淡泊些本是一种高尚的情操，但是过分清心寡欲而冷漠，就不能去救助世人、报效天下了。

解读

对分内之事全力以赴，这是“敬业”，是一种美德；但如果陷入事务圈而不能自拔，或因过度的忙碌而心力交瘁失去自我，却又是不足取的。看淡世间功名，摒弃世俗欲望，是一种高尚情怀；但如果因此而逃避社会，忘记自身的社会、家庭责任，忘记人间冷暖甚至自我封闭，则又走向了另一个极端。所以，儒家提倡恰如其分、无过无不及的中庸思想。孔子所谓的“过犹不及”，就是说我们任何事情做得过头，就跟做得不够一样，都是不合适的。人生在世，操劳事务之外，取一分玩心，清心寡欲之时，不忘济世。这样做方为中道，生活才会充满情趣。

忘怨忘过　念功念恩

我有功[①]于人不可念，而过[②]则不可不念；人有恩于我不可忘，而怨则不可不忘。

◇注释◇

①功：对他人有恩德或帮助。②过：对他人的歉疚或冒犯。

◇译文◇

自己对别人有恩德或帮助，不要常常挂在嘴上或记在心头，但是自己对别人有了过失，则不可不记在心上反省自己。别人对我有过恩惠不可以轻易忘怀，别人对我有怨仇则不可以不忘记。

◇解读◇

施恩于人，不求回报，过后就把它忘了，才显得出是真善。受恩于人，不忘恩情，得之滴水，报之涌泉，才算一个真正有良心的人。待人以宽，责己以严，恕人克己，是修身处世的基本准则，是中华民族的传统美德。在实际生活中循此标准行事，人际关系就会更为和谐，更有利于事业的成功。若如吕后那般，因兄嫂平日冷言相向，就在危急关头将他们推诸车下，让他们被项羽捕杀，这样的行为虽经千年，仍为世人诟病。

【品味菜根】

矜功伐能，好以陵人，是以在前者人害之，有功者人毁之，毁败者人幸之。

——刘邵《人物志·释争》

施而无求　求之无功

施恩者，内不见已，外不见人，则斗粟[1]可当万钟[2]之惠；利物者，计已之施，责人之报，虽百镒[3]难成一文之功。

注释

①斗粟：斗是量器的单位，十升为一斗。粟是古时五谷的总称，凡未去壳的壳粮都叫粟。②万钟：形容多。钟，古时量器单位。③百镒（yì）：古时候的重量单位，二十两为一镒（一说二十四两为一镒）。

译文

施恩惠给别人的人，不可老把恩惠记在心上，不应有让别人赞美的念头，这样即使是一斗米也可收到万钟的回报；用财物帮助别人的人，如果计较自已对人的施舍，而且要求人家的报答，即使是付出百镒，也难收到一文钱的功效。

解读

“有心为善虽善不赏，无心为恶虽恶不罚。”施恩助人本是善举，一旦人为计较，即落入一个“伪”字，失去了真性情。出于至诚的同情心付出的可能不多，受者却足可感到人间真情，假如抱着沽名钓誉的心态来行善，即使已经行了善，也不会得到任何回报。朱元璋落难之时，饥饿难当，农户人家以粗食野菜济之，他倍觉甘甜，终其一生不能忘怀。而当大明建国之后，商人沈秀屡以钱财资助公益事业及军需，却因为动机可疑，被朱元璋寻了不是，发配至云南。施舍的目的不同，在一个人心中产生的印象，其差别是多么大啊！

杀气寒薄　和气福厚

天地之气①，暖则生，寒则杀。故性气②清冷③者，受享④亦凉薄⑤；惟和气热心之人，其福亦厚，其泽亦长。

注释

①天地之气：指天地间气候的变化。②性气：性情气质。③清冷：清高冷漠。④受享：所享有的福分。⑤凉薄：凉与薄同义。

译文

天地间的气候，春夏和暖时，万物就生机勃勃；秋冬寒冷时，万物就丧失生机。所以一个性情高傲冷漠的人，他所能得到的福分自然就淡薄；那些个性温和而又热情助人的人，不但他获得的福分丰厚，而且恩泽也会更久长。

解读

中国古代文化传统衍生出了一支特殊的知识分子队伍——“清流”（清议之士）。他们形成了一种古怪的“清高”风气。这些人性情多褊狭刁刻，却浑然不觉。人都叹“好高人愈妒，过洁世同嫌”。这些人以性情论，当然难说福分，以其与社会不讲和，自难享受世俗之乐。最不好办的是他们以此自傲，视此为荣，实不知早悖逆了天地正则。

品味菜根

夫明白于天地之德者，此之谓大本大宗，与天和者也；所以均调天下，与人和者也。与人和者，谓之人乐；与天和者，谓之天乐。

——庄周《庄子·天道》

多喜养福　去杀远祸

福不可徼[①]，养喜神[②]以为召福之本而已；祸不可避，去杀机[③]以为远祸之方而已。

注释

①徼（jiǎo）：求、求取，当祈求解。②喜神：喜气洋洋的神态。③杀机：杀伐的念头。

译文

幸福不可强求，只要能经常保持愉快的心情，这便是招来福分的根本；人间的灾祸难以避免，如果能消除怨恨他人的念头，这就是远离灾祸的方法。

解读

心情愉快则平平安安，无灾无病。逢灾抱病的人清楚，这实在已经是人间的大福了。心怀怨恨，就会感到处处不顺，事事悖逆。总怀着一颗与人争斗之心，难保不会引发大小祸端。刘邦与项羽，诸葛亮与周瑜，差别就在心量的宽狭之上。项、周，皆恃才傲物，充杀机于一心，处处要占上风，务求置对方于死地。却又只重战术，不重战略，匆匆忙忙，仓仓皇皇，最后却成了无头苍蝇，疲于奔命，以致英雄气短，虎落平阳。倒是心态平和的刘邦、诸葛亮，成就了一世功业。

藏巧于拙　寓清于浊

藏巧于拙，用晦而明，寓清于浊，以屈为伸。真涉世之一壶[①]，藏身之三窟[②]也。

注释

①一壶：壶是指瓠，体轻能浮于水。《冠子·学问》篇中就有“中流失船，一壶千金”，此处的一壶是指平时并不值钱的东西，到紧要关头却成为救命的法宝。②三窟：通常都说狡兔三窟，比喻安身救命之处很多，出自战国时代孟尝君的故事。《战国策·齐策》：“狡兔有三窟，仅得免其死耳。今君有一窟，未得高枕而卧也，请为君复凿二窟。”

译文

做人要把智巧隐藏在笨拙中，用表面的不懂掩饰内心的明白，在污浊的环境中保持清廉，以屈曲求得伸张。这才是立身处世最有用的救命法宝，如同狡兔三窟，能避祸安身。

解读

藏巧于拙，寓清于浊，是中国传统处世技法中的精髓，源于道家《老子》中的“大成若缺，大直若屈，大巧若拙，大辩若讷”，其特点是冷静、理智，晦暗藏拙，以退备进，以养备攻。

常言道：“大智若愚。”一个人一生要做的事很多，不可能事事劳神，平日处事，不应咄咄逼人，到紧要关头自然会发生功效。处世修身，一定要有韬光养晦的修养功夫，而且办什么事都要留有余地，最关键的是在污浊的环境中要保持自身的纯洁。洁身自好是韬光养晦的前提和基础。

毋攻短处　化诲顽固

人之短处，要曲为弥缝；如暴而扬之，是以短攻短。人有顽固，要善为化诲；如忿而疾之，是以顽济顽。

译文

别人有缺点过失，要婉转地为他补救；假如故意揭发宣扬他的缺点，这正是用自己的短处来攻击别人的短处。别人行为顽劣固执时，要善意耐心地诱导启发他；如果愤怒而讨厌他，那便是以自己的顽劣去助长他人的顽劣了。

解读

人们常不知不觉地陷入“以短攻短，以顽济顽”的循环（矛盾）境地。究其原因，乃在以情绪先入，事实上是对自己用以说服他人的论点、论据以及结果均无信心，因而气短声竭。若立论公平，境界高远，出入恢宏，当不致有此现象发生。

吕端大事不糊涂

宋朝时，宋太宗想让吕端当宰相，但有位大臣不同意，就对宋太宗说：“吕端做事糊涂，难以胜任宰相。”宋太宗说：“我观察吕端十多年了，发现他在一些小事上确实糊涂。但是在一些关系到国计民生的大事上，他一点儿也不糊涂呀。而且，他善于顾全大局，处处与人为善，深得民心。如果朝中的大臣都能做到大事不糊涂，我就放心了啊。”宋太宗没有听信那位大臣的意见，仍让吕端当了宰相。

亲善防谗　除恶守密

善人未能急亲[①]，不宜预扬[②]，恐来谗谮[③]之奸；恶人未能轻去，不宜先发，恐遭媒孽[④]之祸。

注释

①急亲：急切与之亲近。②预扬：事先宣扬其善行。③谗谮（zèn）：说人坏话，诬陷别人。④媒孽：借故陷害人而酿成其罪。

译文

要想结交一个有修养的人不必急着与他亲近，也不必在结交前赞扬他的德行，避免引起坏人的嫉妒而在背后诬蔑诽谤；要想摆脱一个阴险的坏人，不能只是轻易地离去，也不应该在避开前先揭发他的丑行，避免遭到诬陷诽谤的祸害。

解读

交人全在水到渠成。君子之交，爱好、情趣、学识只要相投，自成挚友，事先张扬，恐生逆悖。除恶尤其在乎水到渠成，注意技巧。如清末宦官安德海，宫中朝中无不恨其骄横，然皆不动声色，让其自演，终借山东巡抚丁宝桢之手诛之。若事先张扬，以安德海之奸，必成大祸。生活中交友除恶，无不应考虑及此。

品味菜根

行合趋同，千里相从；行不合趋不同，对门不通。

——刘安等《淮南子·说山训》

富多炎凉　亲多妒忌

炎凉之态，富贵更甚于贫贱；妒忌之心，骨肉尤狠于外人。此处若不当以冷肠①，御以平气，鲜不日坐烦恼障②中矣。

注释

①冷肠：本指缺乏热情，此处当冷静解。②烦恼障：佛家语，例如贪、嗔、痴、慢、疑、邪见等都能扰乱人的情绪而生烦恼，对于佛家来说这些都是涅槃之障，故名“烦恼障”。《佛地论》：“身心恼乱不成寂静，名之为烦恼障。”

译文

世态炎凉、人情冷暖的变化，在富贵人家比贫穷人家表现得更鲜明；妒忌嫉恨的心理，骨肉至亲之间比与陌生人之间表现得更厉害。一个人处在这种场合假如不能用冷静态度来应付这种人情上的变化，用理智来压抑自己不平的情绪，那么就很少有人能不陷于如日坐愁城中的烦恼状态了。

解读

人生而有欲。欲壑难填，便有了利益之争。“共患难易，共富贵难。”二十四史中这样的事例处处可见，而在现实生活中也屡见不鲜。

嫌贫爱富，平心而论，是人的正常心态，怪不得别人。只是人在处事中要有一个主见，不要被自己境况的变化所左右。富贵之家往往为了争权夺利而父子交兵或兄弟阋于墙。隋炀帝为早日登基，竟谋杀了自己的亲生父亲。骨肉亲近之间，利益最近，利害最为相关，非我即你，因此相残更为急迫。如果人们不能正理明道，肯定会身陷其中，缠结不清。如此现实，的确需要人们提高修养，以理智来战胜私欲。否则，亲情堪忧，富贵难保！

阴恶祸深　阳善功小

恶忌阴[1]，善忌阳[2]，故恶之显者祸浅，而隐者祸深；善之显者功小，而隐者功大。

注释

①阴：指事物的背面，不易被人发现的地方。此处是隐藏、遮掩的意思。②阳：指事物的正面，是大家都能看得到的地方。此处是暴露、张扬的意思。

译文

一个人做了坏事最忌讳遮掩，做了好事最忌讳的是自己到处宣扬。所以做了坏事而不隐瞒的人，所受到的祸害就会相对轻些；反之，做了坏事而隐瞒的人，所受到的祸害就会深些；做了好事就宣扬的人，功劳就很小；做了好事不宣扬的人，功劳才会大。

解读

人做每一件事都有自己的目的。做坏事，当然是出于对自身利益的图谋；而做好事，可能是为了行善助人，也可能是为了从中获得美名或物质利益。一般来说，做在明处的坏事人们看得见，或许还可以预防弥补；而做在暗处的坏事，危害性很大。

好事却与之相反。做在明处、大事张扬的好事，虽然在客观上有益，但因为往往同时会伤害受惠者的自尊心，故而会被人当成一种伪善。而那种把行善视作习惯，全心投入默默奉献的人，却会获得意想不到的福报。所以，孟子所赞赏的是“惠而不知为政”。那些不从根本上去解决问题，却用小恩小惠博取好名声的做法，非君子之所为也。

警世救人　功德无量

士君子贫不能济物①者，遇人痴迷②处出一言提醒之，遇人急难处出一言解救之，亦是无量功德③。

注释

①济物：用金钱救助人。②痴迷：迷惑不清。③功德：佛家语，通常指功业和德行。

译文

明理达义的人，如果因贫困而不能用财物来救助他人，但是遇到他人感到迷惑时能从旁边指点一番使他有所领悟，遇到他人危急困难时能从旁边说句话来解救他，这也是一种很大的德行。

解读

痴迷急难之人，孤立无援，茫然不知所向，一言点拨，豁然开朗，就此摆脱困境。进言如救命，这是济生之功德。在商品经济形态下，智慧、点子可化成财富。明末有两位商人到南京做生意亏了本，只剩一文铜钱，某甲急得要自杀。某乙却忽生一计，用一文钱买回了面粉、纸张，从垃圾堆里捡回竹篾，两人动手糊玩具，居然因此存活，几年后竟得以东山再起。

品味菜根

一死一生，乃知交情。一贫一富，乃知交态。一贵一贱，交情乃见。

——司马迁《史记·汲郑列传》

趋炎附势　人情之常

饥则附，饱则飏[①]；燠[②]则趋，寒则弃；人情通患也。

注释

①飏（yáng）：飞翔，此处是撇开、丢下的意思。《晋书·慕容垂载记》："垂犹鹰也，饥则附人，饱便高飏。"②燠（yù）：温暖，此处形容富贵人家。

译文

人在穷困饥饿时就投靠人家，吃饱后就远走高飞；别人富贵了就巴结，别人贫困了就鄙弃，这是人际交往中普遍存在的毛病。

解读

"贫居闹市无人问，富在深山有远亲。"弃贫向富，是人的通病，细想起来，也是人之常情。经过修养，能脱此"常情"，便为君子。对于不脱此俗之人，在宽厚君子，也不宜苛求。只是在择友时，自己应该慎重，能同甘共苦者可为友，能同甘不可共苦者只为"用"。战国时的孟尝君，食客三千，发达时云集门下，落魄时就作鸟兽四散。然而孟尝君并没有怨恨他们，何也？对此种寡德之才，只为用不为友即可。

一念一行　都宜慎重

有一念而犯鬼神之禁，一言而伤天地之和，一事而酿[1]子孙之祸者，最宜切戒[2]。

注释

①酿：本来当制酒解，此处是造成的意思。②切戒：深深地引以为戒。

译文

假如有一种念头触犯了鬼神的禁忌，有一句话破坏了人间的祥和之气，或者做了一件事成为后代子孙的祸根，这些行为都必须特别加以警戒。

解读

孔子曾说："言出乎身，加乎民；行发乎迩，见乎远。"意思是说话出于自己口中，影响的却是别人；而自己现在的行为，影响却会很久远。又说："言行，君子之枢机；枢机之发，荣辱之主也。言行，君子之所以动天地也，可不慎乎？"意思是说言与行是君子的关键，关键一旦发动，是荣是辱就定下来了，所以君子要谨言慎行。这真是永不过时的人生大智慧。

据《左传》记载，春秋时期郑国攻宋，宋国将领华元为鼓舞士气，下令宰羊犒劳三军，却忘了给为自己赶车的羊斟吃肉。结果第二天尚未开战，羊斟就驾着战车冲向敌阵，把华元作为俘虏交给了郑国军队。华元问羊斟为什么这样做，羊斟就说："前天喝羊肉汤你做主，今天驾车我做主。"就这样，一碗羊肉便决定了一场战事的胜负。所以说，有时候一言一行稍有不慎，就有可能导致王图霸业巨毁，国政家政俱亡。

春风育物　朔雪杀生

念头宽厚的如春风煦育[1]，万物遭之而生；念头忌刻的如朔雪阴凝[2]，万物遭之而死。

注释

①煦育：煦，温暖。育，化育，此处指万物生长。②朔雪阴凝：朔，北方。阴凝，雪因阴冷久积不化。

译文

一个胸怀宽宏忠厚的人，就像温暖的春风可以化育万物，万物遇到它就会生长；一个胸襟狭隘刻薄的人，就像北方阴冷凝固的白雪，万物遇到它就会死去。

解读

温暖的春风人人欢迎，寒冷的冰雪人人讨厌。一个心胸狭窄、尖酸刻薄的人，任何人都不愿意接近他。反之，一个气度恢宏、待人宽厚的人，任何人都愿意接近他。待人宽厚首先要自己胸怀宽厚。一个人，如果对事件把握通透，对生死利害洞若观火，对人性的优弱点了然于胸，对自己处理世俗问题的能力充满信心，对世态人情豁达大度，就往往带有三分侠气。和这种人在一起，默契、愉快，如沐春风。遇到什么问题都不妨和他商量解决。与此相比，一个狭隘刻薄之人，明显的是表面自以为是，实则对自己信心不足，或不通人情，只认死理，缺乏历练，不够成熟。

诚和气节　陶冶暴恶

遇欺诈之人，以诚心感动之；遇暴戾[①]之人，以和气薰蒸[②]之；遇倾邪私曲之人，以名义气节激励之。天下无不入我陶冶中矣。

注释

①暴戾：残酷。②薰蒸：薰是香草，此处是沐化、感化的意思。

译文

遇到狡猾欺诈的人，要用赤诚之心来感动他；遇到性情狂暴乖戾的人，要用温和的态度来感化他；遇到行为不正自私自利的人，要用大义气节来激励他。假如能做到这几点，那么天下的人都会被我的美德感化了。

解读

以德化之，如春风潜入，徐徐铺展，则坚冰必摧，枯木吐新。圣贤之人，此等胸怀自可备之，而一般人，可不懈努力，尽心去做。清末，在捻军围攻河南固始时，蒯知县出布告招募死士守城，以他的闺女为赏格。有一人叫张曜，应募破敌，就娶蒯知县之女为妻，并做了官。张曜不识字，公事都是他妻子看。后来张曜当河南藩司、御使，有个叫刘毓楠的上奏参他“目不识丁”。张曜没办法，只好改武职，调补总兵，驻守南阳。那时，“文改武”是很丢面子的事，因此，张曜发愤向妻子学习，也能识字写信，后重新为朝廷重用。刘毓楠告老归乡后，张曜送他一块匾，上刻“目不识丁”。张曜还按月敬奉他，以谢鞭策之恩，后来二人竟成终生至好。

与人相处，一要姿态端正，态度真诚；二要在知彼知己的基础上，因材施教，因势利导。只有这样才能像春风化育万物一样，使天下之人皆为我的气节和美德所感化。

庸德庸行　和平之基

阴谋怪习，异行奇能，俱是涉世的祸胎[①]，杀身的利器。只一个庸[②]德庸行，便可以完混沌[③]而召和平。

注释

①祸胎：指招致祸患的根源。②庸：平凡、普通。③混沌：本指宇宙初开元气未分之时，借以比喻自然和无知识、纯朴的心神。《庄子·应帝王》："中央之帝为混沌。"

译文

阴险的计谋，怪异的习惯，异样的行为，奇特的伎俩，都是处世时招致灾乱的根源，也是招致杀身之祸的锐器。只有保持平凡的德行和寻常的言行，才可以完善纯朴原始的心性，从而得到长久的平安。

解读

谋计技能，在古人眼里，都是祸根，只有平庸，方保平安。庄子曾言，人要"处于材与不材之间"。故事说，有人问庄子，深山高大之树何以遭伐，庄子说："因为它是栋梁之材。"后来在路边有一大树，枝杈古怪，气味难闻，仍遭砍伐。有人又问庄子何故，庄子回答说："因为它太不成材。"然而如何才可平安？庄子回答说："处于材与不材之间。"古人之高论，可取神不可考实，生活于现代，"庸德庸行"，不饿死才怪。

金须百炼　矢不轻发

磨砺当如百炼之金，急就者非邃[①]养；施为宜似千钧[②]之弩[③]，轻发者无宏功。

注释

①邃（suì）养：高深修养。邃，深、远。②钧：古代重量单位，三十斤为一钧。③弩：用机械发矢的弓。

译文

磨炼身心、修身养性要像提炼真金一样，身经百炼，急于成功的人就不会有高深的修养；做事应像拉开千钧的大弓一般，轻轻一拉便发射的人就不能建立伟大的功业。

解读

不论做人还是做事，都应有厚实的历练做基础。遇事待人，言语行动才不会轻浮，进而做到“矢不轻发”。战国时期，赵奢的儿子赵括从小学习兵法，每言兵事，连他的父亲也会被难倒。赵奢却看出了儿子的缺点，对妻子说：“兵，死地也，而括易言之。使赵不将括则已，若必将之，破赵者必括也。”后秦军攻赵，于长平大战，赵军果然大败。根本原因，就在于赵括缺乏历练，用兵浮躁。

忘恩报怨　刻薄之尤

受人之恩虽深不报，怨则浅亦报之；闻人之恶虽隐不疑[①]，善则显亦疑之。此刻之极，薄之尤[②]也，宜切戒之。

注释

①虽隐不疑：对别人的坏事即使隐隐约约了解却也深信不疑。②尤：过分。

译文

受人的恩惠虽然很大却不设法报答，但是一旦有一点点怨恨就千方百计地加以报复；听到人家的坏事即使还不清楚也深信不疑，听到别人做了好事即使再明显也表现出怀疑之心。这种人可以说是刻薄冷酷到了极点，做人应该严加戒绝。

解读

恩深不报，怨浅亦报，免不了落得一刻薄之名，这是做人的欠缺。平定西北的清末名将左宗棠就曾犯过这种毛病。曾国藩对他恩深义重，只因一项方略不同意，左就长期和曾斗气，处处为难曾。左宗棠曾自叹：“谋国之忠，知人之明，自愧不如元辅。”而左对其儿女亲家，至亲好友郭嵩焘的打击更加过分，几近诬陷。以致后来左厚着脸皮上门请罪，郭嵩焘仍怨气难平，让左讨了没趣。观晚清之势，左湘阴之才气远在李合肥之上，然而其成就有限，与其刻薄寡恩关系甚大。

谗言自明　媚阿侵肌

谗夫毁士，如寸云蔽日，不久自明；媚子阿人[1]，似隙风[2]侵肌，无疾其损。

注释

①媚子阿人：媚子，擅长阿谀逢迎的人，阿人，谄媚取巧曲意附和的人。②隙风：墙壁和门窗的小孔叫隙，从这里吹进的风叫邪风，相传这种风最易使人身体受伤害而得病。

译文

小人用恶言毁谤或诬陷他人，就像点点浮云遮住了太阳一般，不需很长时间就自然会真相大白；阿谀奉承的小人的甜言蜜语，就像从门缝中吹进的邪风侵袭肌肤，人没有疾病也会受到损害。

解读

俗话说："谗言三至，慈母不亲。"可见谗言的危害之大。历史上谗夫毁士的实例比比皆是，商鞅一心辅助秦廷，却因宗室贵戚谗害而遭车裂；岳飞精忠报国可昭日月，却因三句谗言而屈死风波亭……

谗言的危害往往比较显明。古人云："谣言止于智者。"意思就是说任何谣言在善于思考的人面前都会被揭穿。对于有良好品德、有坚定做人原则的人，只要仔细思考言论背后的真相，任何恶言诽谤都会如浮云蛛丝，不抹自去。但阿谀奉承的话却往往因为文过饰非，不仅不能让人意识到自己的错误，反而还可能让人颠倒是非。一个人不自知很可怕，他将会不断地犯错误而且自认为正确，从而走向错误的深渊。所以说，与中伤别人的谗言相比，阿谀之词的危害更大。

处世要道　不即不离

处世不宜与俗[1]同，亦不宜与俗异；作事不宜令人厌，亦不宜令人喜。

注释

①俗：指世俗，一般人。

译文

处世既不应该与世俗完全相符，也不要标新立异，与世俗相去甚远；做事不可以处处惹人讨厌，也不可以凡事都讨人喜爱博取欢心。

解读

“好高人愈妒，过洁世同嫌”，这是在劝人要随俗入世。北宋的仲永少聪，然终“泯然众人矣”，这是在告诫人们不要脱俗出世。真正成就大事之人，既可融入俗行之中，又可脱迹其上。养成此等功夫，方可谈“杰出”二字。正所谓：《红楼梦》中的晴雯，便因本性高傲，落得了众人的不是。“霁月难逢，彩云易散。心比天高，身为下贱。风流灵巧招人怨。寿夭多因毁谤生，多情公子空牵念。”

品味菜根

有志气无学问，至欲用学问时，往往被穷，始知志气不可空抱。古今之兴亡成败，时事之坚瑕难易，眼明胆定，而辨才足以指画前筹，始成一佳士。

——傅山《杂论》

过俭则吝　过让则卑

俭，美德也；过则为悭吝[①]，为鄙啬[②]，反伤雅道[③]。让，懿行[④]也；过则为足恭[⑤]，为曲谨[⑥]，多出机心[⑦]。

注释

①悭吝：小气，吝啬，为富不仁。②鄙啬：有钱而舍不得用，斤斤计较。③雅道：正道，此处指与朋友交往之道。《荀子·荣辱》：“君子安雅。”“集解”中有：“雅，正也，正而有美德者谓之雅。”④懿行：美好的行为。⑤足恭：过分恭维来取悦于人。⑤曲谨：指把谨慎细心专用在微小的地方，有假装谦恭的意思。⑦机心：巧诈之心。

译文

节俭朴素本是一种美德，然而过分节俭，就变成吝啬小气、斤斤计较，反而有失高雅之道。谦让本来也是一种高尚的行为，可是过分谦让，就会变成卑躬屈膝，而卑躬屈膝大多出于奸巧虚伪，并非出于真心。

解读

儒家提倡中庸之道，是否能够真正践行，关键在于个人是否有一个确定成熟的立世原则，不卑不亢，守定君子之心，权变日常事务。度若把握不好，就会使节俭变成吝啬，谦和变成曲谨，勤奋变成奔劳，刚正变成刻板。在儒家看来“过犹不及”，人的生活需要的是生动活泼，有张有弛，而不需要恪苛清苦。

过度张扬固不可取，过分谦让也是一种不成熟和不真实的表现。人活一世，重要的是认清自己，恰如其分地展示出真正的自我！

喜忧安危　勿介于心

毋忧拂意[①]，毋喜快心[②]，毋恃久安，毋惮[③]初难。

注释

①拂意：不如意，不顺意。②快心：感到满足或畅快。《史记·平津侯主父列传》："快心匈奴，非长策也。"③惮：畏难、害怕。

译文

不要为不如意的事发愁，不要为称心的事而兴奋，不要由于长久的安居而有所依赖，不要由于一件事一开始有困难就畏缩不前。

解读

世上的事，总是在不断变化。称心如意，生活安定，当然值得高兴，但事物总处于变化之中，快乐和安居是相对的，一时的。因安逸而失去奋进之心，不日之后，反而会感到事业不利，心情不畅。反过来，不要无谓地忧愁烦恼，因为失意是得意的基础，失意之极端形式为入"死地"，尚有"置之于死地而后生"之希望。在人生道路上，只要你像蜗牛爬山一般步步辛苦前进，不惧困难，不怕艰险，就能有所收获。

【品味菜根】

心忧恐，则口衔刍豢而不知其味，耳听钟鼓而不知其声，目视黼黻而不知其状，轻暖、平簟而体不知其安。

——荀况《荀子·正名》

量宽福厚　器小禄薄

仁人心地宽舒，便福厚而庆长[1]，事事成个宽舒气象；鄙夫[2]念头迫促，便禄薄而泽短，事事得个迫促规模。

注释

①福厚而庆长：福厚，福禄丰厚，庆长，福禄绵长。庆，福禄吉祥，《易经·坤》："积善之家必有余庆。"②鄙夫：鄙陋浅薄的人。

译文

仁慈博爱的人，胸怀宽广舒坦，他所享受的福祉多而且长久，凡事都有宽宏大度的气概；心胸狭窄的人，眼光短浅思维狭隘，他所得到的利禄少而且短暂，凡事都表现出狭窄急促的样子。

解读

宽舒，即从容；迫促，即局促。从容根源于一个人心地宽广，充满自信；局促常常因为利欲心重，声短气竭，凡事马上要有个竞争，不顾长远。后一种情况在生活中、商业上都是极为不利的。美国沃思堡市年轻的亿万富翁巴斯四兄弟，在谈判时，若对某一企业或某一部门感兴趣，从不将迫切成交的心情溢于言表，而是装作漫不经心的样子。他们认为，做生意好比追女人，如果你狂热地追求她，她会扬长而去；而当你后退时，她却会跟着你走。我们不妨长袖善舞，舒缓从容。

【品味菜根】

襟度旷达，乐施好义，当其意气所激，即挥置千金不顾。

——张四维《条麓堂集》

勿逞己长　勿恃所有

天贤一人，以诲[1]众人之愚；而世反逞所长，以形[2]人之短。天富一人，以济众人之困；而世反挟所有，以凌人之贫。真天之戮民[3]哉！

注释

①诲：教导。②形：当动词用，表现，显露。③戮民：戮，在此处当形容词用，作有罪解。戮民是有罪之人。

译文

上天给一个人聪明圣智，派他教导一般人的愚钝；可是世上有一些人，反而喜欢卖弄自己的才华，来暴露别人的缺点。上天给予一个人财富，派他来救助众民的贫苦；可是世上一些拥有财富的人，却仗恃自己的财富来欺压别人的贫困。这些人，真是违背天意应该受到惩罚的罪人。

解读

《尚书》上说：天降生一般的人，也替他们降生了君主、师傅，这些君主人师的唯一责任是帮助上天来爱护人民。因此，四方之大，天下谁敢超越自己的本分胡作非为？现代人虽然不信天命，但是有财富的人应该帮助不如自己的人，才智高的人应该多为别人服务，不要以暂时的优势来卖弄盘剥，要多为别人着想，多为后代着想，少些私心杂念。

人生而平等，自然应当以平等待人，与人为善。这既是一个人的人生境界体现，也是人生价值的根本源泉。逞己长者无知，恃所有者无耻。爱人向善，这才是最高的自我实现。

谨言慎行　君子之道

十语九中未必称奇，一语不中则愆尤骈集；十谋九成未必归功，一谋不成则訾议丛兴。君子所以宁默毋躁，宁拙毋巧。

译文

即使十句话能说对九句也未必有人称赞你，但是假如你说错了一句话就会接连遭到别人的指责；即使十次计谋你有九次成功也未必归功于你，可是其中只要有一次失败，埋怨和责难之声就会纷纷而至。所以君子宁肯保持沉默寡言的态度，也绝不能冲动急躁，做事宁可显得笨拙，也绝不能自作聪明显得高人一等。

解读

曾国藩谕纪泽书云："尔之短处，在言语欠钝讷，举止欠端重。"又说："言语迟钝，举止端重，则德进矣。"这也就是所谓的"宁默毋躁，宁拙毋巧"。狂躁则人心不定，静默则游刃有余，此皆抱朴守拙、以静制动之道，也是成就事业，避免无妄灾祸的良方。

不贪名利

战国时期，赵国宰相平原君对鲁仲连说：'先生的一条妙计击退了楚军，保住了赵国都城，功劳最大，现在请您在赵国的官职中任选一个吧。"鲁仲连说："我是来为赵国排忧解难的，而不是来做官的。"于是，平原君令人取出千金相送，鲁仲连坚持不要，他说："我是为百姓着想才来的，并不是为了钱财而来。"结果，分文未取。后来，鲁仲连离开了赵国，但他为百姓着想、不贪图名利的事迹却被史官记录下来，彪炳青史，永远激励着后人。

云去月现　尘拂镜明

水不波则自定，鉴[①]不翳[②]则自明。故心无可清，去其混之者而清自现；乐不必寻，去其苦之者而乐自存。

注释

①鉴：铜镜。②翳（yì）：遮蔽。

译文

没有被风吹起波浪的水面自然是平静的，没有被尘土遮盖的镜子自然是明亮的。所以人类的心灵根本无须去刻意清洗，只要除去心中的邪念，那么平静明亮的心灵自然会出现；日常生活的乐趣也根本不必刻意追求，只要排除内心烦恼，那么快乐幸福自然会呈现。

解读

六祖惠能有一偈语，直对神秀的渐功禅法而发："菩提本无树，明镜亦非台，本来无一物，何处惹尘埃。"儒家思想也认为，"人之初，性本善"。人类的一切痛苦烦恼都出自邪恶杂念，而这种邪恶杂念非本心所有，只因意志不坚使其如蝇如蚁般涌来，"天下本无事，庸人自扰之"，去除的办法很简单，拿出定力，说放下便放下，"自心净则佛土净"。

善根暗长　恶损潜消

为善不见其益，如草里冬瓜，自应暗长；为恶不见其损，如庭前春雪，当必潜消。

译文

做好事表面上可能看不到什么好处，但就像一个长在草丛中的冬瓜，自然会在暗中一天天长大；做坏事的人，虽说表面看不出有什么坏处，但就像春天院子里的积雪，只要阳光一照射自然就会融化消失。

解读

佛家说："善有善报，恶有恶报，不是不报，时候未到，时候一到，马上就报。"这种严格的因果报应虽然在现实中不尽其然，但多行不义必自毙。原因出在行恶所产生的社会副作用会逐渐蔓延，一旦有了诱发因素，社会便会对恶行做出反应，即所谓的"天网恢恢，疏而不漏"。同样，善行一有时机便也会得到应有的报答，即所谓的"与人方便，与己方便"。

穷比富好

东汉时期，河南有一位穷苦的读书人，名叫向长。向长家境贫寒，连口粮都不充足，经常断炊。善良的乡亲们常常周济他。一天，邻居送给向长一斗米，向长只留下两升，其余的又还给了邻居。邻居感到很奇怪，问他说："向长呀，这米是送给你家的，为什么不全收下？"向长回答："够吃几天就行了，我觉得一个人还是穷一些好，穷比富好啊！"

学贵有恒　道在悟真

凭意兴作为者，随作则随止，岂是不退之轮；从情识解悟者，有悟则有迷，终非常明之灯[①]。

注释

①常明之灯：指佛家所说本智的光明，因此用以比喻为赫灼光明之灯，寺庙所点的灯都叫长明灯。

译文

凭一时感情冲动和兴致去做事的人，兴致来了就行动，兴致消失就停止，这怎么能像永不后退的车轮一样勇往直前呢？从情感出发去领悟真理的人，有能领悟的地方也会有被感情所迷惑的地方，这种做法也不是一种永久光亮的灵智明灯。

解读

做任何事都要有恒心，凭一时的感情冲动往往干不成事。有些人做事很少从理性出发，往往凭借一时的兴致，难以持之以恒。而理解事物缺乏一定的主见，情之所至拆东补西、忘乎所以，难以领悟人生真谛。所以要认识到，兴趣仅仅是成功之初，它把人引进大门，要想成功，还需要靠个人意志磨炼，理智判断。

【品味菜根】

上智不处危以侥幸，中智能因危以为功，下愚安于危以自亡。

——范晔《后汉书·吴汉传》

修持篇

修持篇

良药苦口　忠言逆耳

耳中常闻逆耳[①]之言，心中常有拂心[②]之事，才是进德修行的砥石[③]。若言言悦耳，事事快心，便把此生埋在鸩毒[④]中矣。

注释

①逆耳:(话)刺耳,使人听了不高兴。②拂心:不顺心。③砥(dǐ)石:是一种磨石，粗石叫砺，细石叫砥。此处作磨炼、教训解。④鸩毒：鸩，是一种有毒的鸟。其羽毛有剧毒,泡入酒中可制成毒药,人喝了立即死亡。

译文

耳中假如能经常听些不爱听的话，心里经常想些不如意的事，这些都像是敦进品德有益身心的磨刀石一样。反之,假如每句话都很好听，每件事都很称心，那么就等于把自己的一生葬送在毒药中了。

解读

俗话说:“良药苦口利于病，忠言逆耳利于行。”意思是说好药虽苦却有利于治病，善言虽不太动听却有利于人们改正自身缺点。能否听进逆耳之言，是判别一个人能否正确认识和对待自己的标志。积极追求上进的人对于己有利的逆耳之言会耐心听取，从而不断改正自身的缺点和不足。相反，只喜欢赞美之词、不好逆耳之言的人，就是堵死了自己的上进之路。当然，忠言逆耳是对受言者说的。就进言者来说，忠言不一定非得逆耳。说话时讲究些策略，不仅可以使你顺利达到目的，还可能使人对你心存一份感激。所以，当我们决定给他人进“忠言”的时候，一定要考虑好对方当时的情绪和心理状态,采取常人能接受的“批评”方式，使对方心平气和地接受你的意见，让“忠言”不再“逆耳”。

净从秽生　明从暗出

粪虫至秽[1]，变为蝉[2]而饮露于秋风[3]；腐草无光，化为萤[4]而耀彩于夏月。因知洁常自污出，明每从晦生也。

注释

①秽：凡是脏臭的东西都叫秽。②蝉：又名知了，幼虫在土中吸树根汁，蜕变成蛹后攀树而上，再蜕皮成蝉。③饮露于秋风：蝉不吃普通的食物，靠吸食树汁为生，古人误以为蝉只以喝秋露为生，以此为高洁之象征。④化为萤：腐草能化为萤火虫是一种误解。其实萤火虫是将卵产在水边的腐草和泥土中，幼虫多半潜伏在土中，次年草蛹蜕化为成虫，即是萤火虫。

译文

泥土里所生的虫是最脏的虫，可是一旦蜕化成蝉，却只喝秋天洁净的露水；腐败的野草本来毫无光华，可是一旦孕育出萤火虫，却能在夏天的夜空中闪闪发光。由此可知，洁净的东西常常是从污秽中得到的，光明常常在黑暗中产生。

解读

“将相本无种，男儿当自强”。一个人的出身并不决定他将来是否必有作为。寒门子弟，只要立定脚跟，克服困难，自强、自尊、自律，就有可能实现自我。不但如此，有时往往物极必反，越是条件好的人越容易腐化堕落，故而有为世人所耻笑的八旗子弟。人生于世，周围的环境是好是坏，抱怨是毫无意义的。要么适应环境而生存发展，要么被淘汰。把生活的坎坷当作垫脚石，走好自己的人生路。

原其初心　观其末路

事穷势蹙之人，当原其初心；功成行满之士，要观其末路。

译文

对于事业失败陷入困境而心灰意冷的人，不要责难于他，应该回想他当初奋发的精神；对于事业成功感到万事如意的人，要观察他是否能长期坚持下去，考虑结局如何。

解读

中国文化极富同情心，尤其对于弱者和失败者。故项羽虽败，留盖世英名；刘邦虽胜，得圆滑之称。不过平心而论，不宜以成败论英雄。清代江浙富商胡雪岩，富拥半壁江山之钱业，一朝有变，烟消云散。然而高阳先生仍能公平持论，指出胡的优点在于不以私利伤蚕农，失败后光明磊落，不愧一“铁头”美称，虽败犹荣。

乐极生悲

淳于髡是战国时期齐国有名的滑稽人物，有辩才，好喝酒。有一日齐威王问他能喝多少酒，淳于髡滑稽地说：“如果是大王赐我喝酒，旁边有执法的大臣，后面有弹劾的御史，喝的时候，怀着恐惧的心理，一斗就醉了。假使家里有宾客，父母命我喝酒，因为要庄重一点给侄子们看，不敢放肆，那么就可以喝二斗。如果有知己的朋友，很久没有见面，突然相遇，畅谈一番，这时可以喝五六斗。要是到了晚上，男女同席，乌履交错，杯盘狼藉，穿着短衣，女客们的香气四溢，这个时候，最感到欢乐，那么就可以喝一石了。所以有人说‘酒极则乱，乐极则悲’。天下万事都是这样。”威王听了淳于髡的这番话后，知道是在劝诫他不要通宵达旦欢饮，贻误政事，于是威王就取消了晚上的宴会。

卑知高危　晦晓明霭

居卑[①]而后知登高之为危，处晦[②]而后知向明之太霭[③]；守静[④]而后知好动之过劳，养默[⑤]而后知多言之为躁[⑥]。

注释

①居卑：泛指处于地位低的地方。②处晦：在昏暗的地方。③霭：云层聚集处叫霭。此处作显现、显露解。④守静：保持宁静。⑤养默：沉默寡言。⑥躁：不安静、急促。

译文

在低处然后才知道攀登高处的危险，在暗处然后才知道置身光亮的地方会刺眼睛；保持宁静然后才知道喜欢活动太辛苦，保持沉默然后才知道话说多了很烦躁。

解读

人如果处在卑、暗、静、默的地方，头脑冷静，看事清楚，就不会为物欲权欲所迷惑。所以自古以来，人们强调遇事要冷静，遇难要韬光。而处于高、明、动、躁地方的人，犹如台上的戏子，众目睽睽，多浮泛不能自持。对自身的弱点难以察知，且心情浮动，根本不可能反躬自省，无形之中很容易出现问题。所以，生活在世，一定要能够静得下心，沉得住气。

品味菜根

不清不见尘，不高不见危，不广不见削，不盈不见亏。

——王充《论衡·自纪》

放得心下　入圣超凡

放得功名富贵之心下，便可脱凡[①]；放得道德仁义之心下，才可入圣[②]。

注释

①脱凡：即超越尘世的意思。②入圣：进入光明伟大的境界。

译文

能丢开追逐功名富贵的思想包袱，就有可能超越庸俗的尘世；不受仁义道德等教条的束缚，才能进入圣贤超凡绝俗的境界。

解读

写字要先临后摹，但不能总停留在临摹阶段，总需要出乎其类，拔乎其萃，达到超越字帖、独自创造的阶段。追逐丰厚利润是为商之道，但一个真正的巨商不会永远死钻在钱眼儿里，而是由“会赚钱”到“会花钱”，最终忘钱。忘钱不是不赚，而是在心境上已经大为不同。同样，遵守道德仁义是为人之基本，然而真正的道德家不会永远死守教条，而是遵循指导教条的更高的原则。在人的一生中，需要不断超越，达到出神入化的境界。

品味菜根

守身必严谨，凡足以戕吾身者，宜戒之；养心须淡泊，凡足以累吾心者，勿为也。

——王永彬《围炉夜话》

超越天地　不求名利

彼富我仁，彼爵我义[1]，君子固不为君相所牢笼[2]。人定胜天[3]，志一动气[4]，君子亦不受造化[5]之陶铸[6]。

注释

①彼富我仁，彼爵我义：出自《孟子》一书，“晋、楚之富不可及也。彼以其富，我以吾仁；彼以其爵，我以吾义，吾何谦乎哉？”②牢笼：牢的本义是指养牛马的地方，此处含有限制、束缚等意。③人定胜天：指人如果能艰苦奋斗，必然能战胜命运而成功。④志一动气：志是一个人心中对人生的一种理想愿望，一是专一或集中，动是统御、控制发动，气是指情绪、气质、禀赋。⑤造化：命运。⑥陶铸：陶是范土制器，铸是熔金为器。

译文

别人有财富我坚守仁德，别人有爵禄我坚守正义，所以君子绝对不会被君相的高官厚禄所束缚、所收买。人一定能掌握大自然的规律，只要我们志向专一，就没有什么是不可以战胜的。所以，君子绝对不受命运的摆布。

解读

一个有为的人不受外物摆布，他拥有自己的一套处世原则，把天机人情看得通透，因而能志一动气，我行我素。孟子说：“居天下之广居，立天下之正位，行天下之大道；得志，与民由之；不得志，独行其道。富贵不能淫，贫贱不能移，威武不能屈。”在知识界曾有过下海与守本的争论，最后的结论是，宜下海的下海，宜做学问的做学问，知识分子要分流，各守一业，坚忍不拔。

吉人安详 恶人杀气

吉人[①]无论作用安详[②]，即梦寐神魂[③]无非和气；凶人无论行事狠戾，即声音笑语[④]浑是杀机[⑤]。

◇注释◇

①吉人：心地善良的人。②作用安详：言行从容不迫。③梦寐神魂：指睡梦中的神情。④声音笑语：言谈说笑。⑤浑是杀机：言谈间流露着害人的迹象。杀机，是指令人感到有杀人的恐惧感。

◇译文◇

一个心地善良的人，言行举止总是从容不迫，即使在睡梦中的神情也都洋溢着一团祥和之气；一个性情凶暴的人，不论做什么事手段都很残忍，甚至在谈笑之间也充满着让人恐怖的杀气。

◇解读◇

一个人的心性如何，可以从他生活的各个方面表现出来，想伪装是很难的。封建社会的中国人迷信面相：双手过膝，两耳垂肩，帝王之相；方面大耳，有福之相；柳眉竖眼，刻薄之相；横眉三角眼，奸猾之相。和善之人，待人一向宽厚；凶恶之人，时时预备算计他人，也不可能不有所表露。日子久了，凶善自现。

中和为福　偏激为灾

躁性者火炽，遇物则焚；寡恩者冰清，逢物必杀；凝滞固执[①]者，如死水腐木，生机已绝，俱难建功业而延福祉。

注释

①凝滞固执：凝滞是停留不动的意思，比喻人的性情古板；固执，指顽固不化。

译文

一个性情急躁的人，他的言行如烈火一般炽热，仿佛跟他接触的物体都会被焚烧。一个缺乏同情心刻薄寡恩的人，他的言行就像冰雪一般冷酷，仿佛任何物体碰到他都会遭到残害。头脑顽固而呆板的人，像死水朽木，已经完全断绝了生机，这都不是建功立业为人类社会造福的人。

解读

人的性情往往决定事业的成败。事业要想成功，历练、水平和关系缺一不可。性情狂躁的人多自以为是，遇事便发作，难以与人合作，心中一团浮躁之气，毫无沉稳之谋，既缺历练，又缺良好的人际关系；刻薄无情的人，谁见了都会心寒，难以与人建立起信任，缺乏良好的人际关系；而头脑顽固呆板之人，遇事不讲通融，只会死守教条，毫无创造性可言，缺少的是水平。这些人如果不能意识到自己的缺点，事业难成，幸福难保。

保已成业　防未来非

图未就之功，不如保已成之业[①]；悔既往之失[②]，不如防将来之非[③]。

注释

①业：指基业、事业。②失：过失。③非：错误。

译文

与其谋划没有把握完成的功业，不如维护已经完成的事业；与其懊悔以前的过失，不如好好预防未来可能发生的错误。

解读

成就事业的人，不会忘记过去。他们从过去的经历中总结出经验教训，但他们绝不会停留于过去，总结过去是为了现在和将来。人能够把握的，永远只是现在，要考虑如何把今天的事办好，为明天打下基础。良好的心态是不为已打碎的花瓶哭泣，不为没有含到口或拿到手的香糖迷惑。陀思妥耶夫斯基说："除了含在口里的和拿在手里的，一切都是假的。"图谋的就是一个实在的现实。

鳏鱼难钓贪大而亡

春秋战国时期，子思在到卫国做官的途中，偶见卫人在河边钓鱼，不一会儿就钓上来一条上百斤重的鳏鱼。子思惊讶地问："鳏鱼是最难钓的，你用什么办法钓的？"卫人说："我下钩时，放的是钓鲂鱼的饵，鳏鱼看也不看就走开了。但它并未走远，总在附近游来游去。于是，我拿来上等的猪肉作鱼饵，鳏鱼见了，马上过来吞食。就这样，这条鳏鱼被我钓上来了。"子思感触地说："鳏鱼虽难钓，却因贪大而亡，做官的道理也有点类似啊。"

君子德行　其道中庸

清能有容，仁能善断，明不伤察[1]，直不过矫。是谓蜜饯不甜[2]，海味不咸，才是懿德[3]。

注释

①伤察：失之于苛求。②蜜饯不甜：蜜饯不过分甜。③懿（yì）德：美德。

译文

清正而有容忍的雅量，仁慈而又能当机立断，精明而不失之于苛求，刚直而又不至于执拗。这种道理就像上好的蜜饯并不过分的甜，上好的海味并不过分的咸。一个人要能把持住不偏不倚的尺度才算是处人做事的美德。

解读

中庸之道不是调和折中、无原则。相反，真正能体现此道者，对物理事理人理通透于心，无论做什么事都持之有度。清廉、仁慈、精明，是立世原则；容忍、善断、细察，是办事原则。立世上要坚定不移，办事上的原则也同样不能动摇。两者统一在一个人身上，不分彼此先后，在办事中同时表现出来，是一自然而然之功。

穷当益工　勿失风雅

贫家净扫地，贫女净梳头，景色虽不艳丽，气度自是风雅。士君子一当穷愁寥落[1]，奈何辄自废弛[2]哉！

注释

①寥落：寂寞不得志。②废弛：应做而不做。

译文

一个贫穷的家庭要经常把地打扫得干干净净，贫家的女子经常把头梳得干干净净，摆设和穿着虽然算不上豪华艳丽，却能保持一种高雅脱俗的气度。因此，君子一旦际遇不佳而处于穷困潦倒的时候，为什么要萎靡不振自暴自弃呢！

解读

人之一生，或贫或富，或穷或达，不会有完全相同的境遇与命运。但人生而平等，气质品性不完全是外界物质所能决定的。贫与富是身外物，家贫家富都应保持精神上的超越；穷与达是眼前事，得意失意都应保持气度上的优雅。范仲淹在《岳阳楼记》中说“不以物喜，不以己悲”，就是让我们不要因为外在环境的好坏和自己一时的得失而或喜或悲。不因贫富而改变人生志向，不因穷达而丧失人生意气，这才是古今成大事者的生活态度，才是人生修养的一种境界。不受制于眼前的处境，不拘泥于一时的得失，事不如意而不怨天尤人，遇到挫折而不垂头丧气、萎靡不振，如此方能立足现在，开创未来。

却私扶公　修身种德

市私恩[①]，不如扶公议[②]；结新知，不如敦[③]旧好；立荣名，不如种隐德；尚奇节，不如谨庸行[④]。

注释

①市私恩：市，买卖。私恩是出自私心所施的恩惠，指收买人心。②扶公议：公议，指社会舆论，扶，指扶持。扶持公议，就是以光明正大的行为争取社会声誉。③敦：厚，加深。④庸行：平常行为。

译文

与其施恩惠给别人收买人心，倒不如以光明磊落的态度去争取社会大众的舆论支持；与其去新结交很多不熟悉的朋友，倒不如重修一下与老朋友之间的情谊；与其想法子提高知名度，倒不如在暗中积一些阴德；与其标新立异去显示名节，倒不如平日谨言慎行多做一些好事。

解读

其实本段中相对比的两种方法都可采用，都应践行。收买人心有时是必要的，是一种操作技巧，光明磊落则是根本；不忘旧交是仁德，结识新朋也是源头活水能够长流的保证；提高知名度，在现代社会是不能不为之事，积阴德更不用提了；标新立异是创造，谨言慎行是原则，不可有所偏废。只是要操心端正，而且确实要以图长远为主，求近利为辅。

品味菜根

以善胜人者，未有能服人者也；以善养人者，未有不服人者也。

——管仲《管子·戒》

震聋启聩　保持清醒

念头昏散[①]处要知提醒，念头吃紧时要知放下；不然恐去昏昏之病，又来憧憧[②]之扰矣。

注释

①昏散：迷惑。②憧憧：心意摇摆不定。

译文

头脑感到昏沉纷乱时应该平静下来让头脑清醒；工作烦琐情绪紧张时，要懂得把工作暂停一下，以便使情绪恢复镇定轻松。否则恐怕刚刚治好昏沉纷乱的毛病，便又处在左右为难、思绪摇摆不定的困扰中。

解读

工作要讲究方法，讲求效率。“头悬梁，锥刺股”讲的是人要从意志方面战胜自己，取其神也。但若只知效形，悬刺之后虽醒犹困，效果就不会好，反而有可能把头脑用坏。所以，古人讲“一张一弛是文武之道”，工作紧张而又条理清楚、收效显著才称得上效率。要学会自我调节，劳逸结合。

品味菜根

人之耳目曷能久熏劳而不息乎？精神何能久驰骋而不既乎？

——刘安《淮南子·精神训》

辨别是非　认识大体

毋因群疑而阻独见，毋任己意而废人言，毋私小惠而伤大体，毋借公论而快①私情。

◇注释◇

①快：称心如意，满足、发泄。

◇译文◇

不要因为大多数人都疑惑就放弃个人的独特见解，也不要因个人好恶固执己见忽视别人的忠实良言，不可因个人私利搞小恩小惠而伤害整体利益，更不可以借助社会大众的舆论来满足自己的私人愿望。

◇解读◇

人做事要有原则，有时真理掌握在少数人手上，该坚持的原则绝不可动摇，不因为众人怀疑而放弃，但也不可固执己见，有时自己的见解未必高明，要以谦逊的态度多听听别人的话。一个人的能力表现在能明辨是非，认识大体，在众多议论中保持清醒，清醒的头脑又源于虚心接受别人的智慧，而对于公众舆论的特点要有所了解，不借公论徇私情。

【品味菜根】

毒而无怒，此言止忿速济也；怨而无言，言不可不慎也；言不周密，反伤其身；欲而无谋，言谋不可以泄，谋泄灾极。

——管仲《管子·宙合》

暗室磨炼　临深履薄

青天白日[①]的节义[②]，自暗室漏屋[③]中培来；旋乾转坤的经纶[④]，自临深履薄[⑤]处缫[⑥]出。

注释

①青天白日：光明磊落。②节义：名节义行，此处指人格。③暗室漏屋：二词同义。漏屋，无人处。④经纶：本指纺织丝绸，引申为经邦治国的政治韬略。⑤临深履薄：面临深渊脚踏薄冰，比喻人做事特别小心谨慎。⑥缫（sāo）：抽茧出丝，引处做整理领悟解。

译文

一般光明磊落的人格和节操，是在暗室漏屋的艰苦环境中磨炼出来的；凡是可治国平天下的宏伟策略，是从小心谨慎地做事中磨炼出来的。

解读

英雄大业不是一蹴而就的。不经一番寒彻骨，哪来梅花扑鼻香。成大功立大业，都得经过在艰苦恶劣环境中的奋斗。当年南怀瑾先生在峨眉山“闭关”，每到冬日，大雪封山，寒舍粗衣，孤灯清茶，孤单单一人守在深山苦心读经，始修正得佛门真味，奠定一生宏业之基础。而“如临深渊，如履薄冰”的谨慎态度，更显出韬光养晦之功。

品味菜根

雪后始知松柏操，事难方见丈夫心。

——释道元《五灯会元》

分清功过　勿显恩仇

功过不容少混，混则人怀惰隳[①]之心；恩仇不可太明，明则人起携贰[②]之志。

注释

①惰隳（huī）：疏懒堕落，灰心丧气。②携贰：怀有二心，有疑心。

译文

对于功劳和过失，不可有一点模糊不清，功过不明就会使人心灰意懒而不肯上进；对于恩惠和仇恨，不可表现得太鲜明，假如对恩仇表现得太鲜明就容易使人产生疑心而发生背叛。

解读

大宋军队伐蜀归来，宋太祖在当朝之下，赏提曹彬，发配王仁昭，自是功过清楚，赏罚分明，众人心服口服，最终使军纪更加严明，士气更加高涨，使大宋王朝很快一统天下。现代亦如是，赏罚分明，可奖勤罚懒，调动积极性。而在怨仇之上，需要忍耐，分清功过。

功绩为凭好恶无据

宋代时期，有位官员立了功，理应升迁重用。宋太祖赵匡胤对那位官员的印象不好，提升的事就被搁置了。宰相赵普对宋太祖说：“功绩为凭，好恶无据。如果只凭个人的好恶去办事，会犯错误的。”宋太祖说：“我是皇帝，不提升他又怎么样？”赵普耐心地说：“自古以来，刑用于惩罚，赏用于奖酬，是公理所在。陛下怎么能以个人的好恶而废了国家的制度呢？”宋太祖见他说得有理，只好照章办事。

以德御才 德才兼备

德者，才之主；才者，德之奴。有才无德，如家无主而奴用事矣，几何不魍魉[①]猖狂[②]。

注释

①魍魉（wǎng liǎng）：泛称山川木石的精灵怪物。②猖狂：过分放纵。

译文

品德是才学的主人，而才学不过是品德的奴仆。一个人假如只有才干学识却没有品德修养，就等于一个家庭没有主人而奴仆当家了，这哪能不使家中遭受鬼怪肆意侵害呢！

解读

人们不仅要培养自己的才智，更要修好自己的品德，两者都极其重要，缺一不可。商品社会的人们，道德水准似乎在下降，但社会对于个人的品德要求却越来越高，如诚信、意志、忠恕等。一个人恃才傲物，就是没有品德修养的明证。有的人喜欢猜忌，有的人喜欢窥探别人的隐私，有的人喜欢两面三刀，这样的人再有才能谁又敢放心使用呢？一个人如果连起码的商业信用都不讲，谁又敢放心大胆地来和他做生意呢？可见德之不修，危及饭碗。

功名一时　气节千载

事业文章随身消毁，而精神万古如新；功名富贵逐世[1]转移，而气节千载一日[2]。君子信不当以彼易此也。

注释

①逐世：随着时代转换。②千载一日：千年有如一日，比喻永恒不变。

译文

一般来说，事业和文章会随着人的死亡而消失，只有伟大的精神万古不朽；功名利禄富贵荣华，会随着时代的变迁而转移，忠臣义士的志节却会永远留在人间。可见，一个君子绝对不可放弃能留名青史的气节，来换取会随身销毁的东西。

解读

一个人不论何时何地，应保持一种高尚的品德、伟大的理想，使自己的事业充溢着伟大的精神。司马迁在《报任安书》中记述了不少生动感人的实例："古者富贵而名摩灭，不可胜记，唯倜傥非常之人称焉。盖文王拘而演《周易》；仲尼厄而作《春秋》；屈原放逐，乃赋《离骚》；左丘失明，厥有《国语》；孙子膑脚，《兵法》修列；不韦迁蜀，世传《吕览》；韩非囚秦，《说难》《孤愤》；《诗》三百篇，大抵圣贤发愤之所为作也。此人皆意有所郁结，不得通其道，故述往事，思来者，乃如左丘无目，孙子断足，终不可用，退而论书策，以舒其愤，思垂空文以自见。"而司马迁的同代人苏武，在北海之滨牧羊十年，不辱汉使气节，忆起令人扼腕称叹。

自然造化　智巧不及

鱼网之设，鸿则罹其中；螳螂之贪，雀又乘其后。机里藏机，变外生变，智巧何足恃哉。

译文

本来张渔网是为了捕鱼，不料鸿雁竟落入网中；贪婪的螳螂一心想吃眼前的蝉，不料后面却有一只黄雀想要吃它。可见天地间的事太奥妙，玄机中还藏有玄机，人的智慧计谋又有什么可仗恃的呢！

解读

“螳螂扑蝉，黄雀在后”，生活中不可恃巧行事，尤其不可弄心算计，而要朴实做人，认真做事。须知玄机变幻，非人所能把握，人事沧桑，“三十年河东转河西”。此等奈何之事，岂是人的心机变算可以影响得了的?《红楼梦》中叹熙凤云:“机关算尽太聪明，反算了卿卿性命。”

螳螂捕蝉，黄雀在后

传说战国时期，庄子到雕陵栗树林去游玩，看见一只很奇怪的鸟，于是拿着弹弓守候在那里，准备打鸟。这时，他看见一只蝉正在树荫下休息，完全忘记了自身的安危；一只螳螂正用树叶作掩护向前爬，打算去捕捉蝉，这只螳螂也是见小利而自忘其身；与此同时，那只怪鹊正紧随螳螂身后，即将啄食螳螂，而怪鹊也忘了自身存在的危机，因为庄子的弹弓正在瞄准它。此时，庄子忽然有所悟地说：“啊！世上的事物就是这样相互牵累，这是由于两者相互招引，贪图小利所致啊！”想过之后，庄子不打了，返身回家。不料，守园人追出来责骂庄子，他以为庄子偷了果园里的栗子。

真诚为人　圆转涉世

作人无点真恳念头，便成个花子①，事事皆虚；涉世无段圆活机趣，便是个木人，处处有碍。

注释

①花子：乞丐的俗称。

译文

做人如果没有一点儿真情实意，就会变成一个一无所有的乞丐，不论做任何事情都不踏实；一个人生活在世界上如果不懂得一点儿灵活应变的情趣，就像是一个没有生命的木头人，不论做任何事都会处处碰壁。

解读

一个人如果给人以华而不实的感觉，别人就会不放心，也就不敢与你共事，不敢在重大的事上向你寻求决断，这样你有可能什么事都做不成。即便是在生意场中，也要保持最起码的信义。“诚信”是做人处世的首要原则。当然，办事还须灵活，尤其在处理具体事情时，要有变通的才能。待人上更要有人情味和幽默感。一个木头木脑、不懂变通的人，别人也无法与他共谋大事。现代社会，既要讲做人原则，也要讲办事方式。

情急招损　严厉生恨

事有急之不白者，宽之或自明，毋躁急以速其忿；人有操之不从者，纵之或自化，毋躁切以益其顽。

译文

很多事情越是着急想弄清白越难理清楚，倒不如暂时放一放，也许头脑冷静之后事情自然就弄明白了，千万不可太急躁，以免增加情绪上的紧张气氛。有的人受到指挥根本不愿服从，倒不如放松不管，让他自由发展，也许他会慢慢觉悟，千万不能操之过急，增加他的专横和固执。

解读

遇到具体事情时，应该互相提醒一句："少安毋躁，事缓则圆。"许多事情急之下，可能会做出不理智的决定，这时只要静下心来，仔细分析情况，常常有可能"柳暗花明又一村"。有些事，各种条件尚不具备，不妨放它一放，静候时机成熟，自会有一段"水到渠成，瓜熟蒂落"的佳趣。

剖腹取书

西魏时期，梁州刺史杜怀瑶的二儿子杜山从任西荆州刺史，他性格强横又爱猜忌。有一天，他的小妾收到父亲的一封信，信中说："近日以来，我的生活很困苦，想求得你的帮助。"小妾正倚着门读父亲的来信，不想杜山从走了进来，她羞于让丈夫知道这件事，就把信放在嘴里嚼碎吞了下去。杜山从误以为是小妾的情人写来的信，竟让人剖开小妾的肚子取信。小妾的气还未断，信就被取出来了。杜山从看了信，叹息地说："我不应这么冲动，伤了天下人的和气，这怎么能长久呢？"当天晚上，杜山从就梦见小妾前来向他喊冤。小妾死后仅十天，杜山从也暴病身亡了。

回归自然　述古畅怀

交市人不如友山翁[1]，谒朱门[2]不如亲白屋[3]；听街谈巷语，不如闻樵歌牧咏；谈今人失德过举，不如述古人嘉言懿行。

注释

①山翁：此指隐居山林的老人。②朱门：本指红色的大门，比喻富贵之家。杜甫有“朱门酒肉臭，路有冻死骨”的名句。③白屋：平民穷苦人家的房屋，用简陋的材料搭建，因此就用“白屋”来代称。

译文

交一个市井之人做朋友，不如交一个隐居山林的老人；巴结富贵豪门，不如亲近平民百姓；听街头巷尾谈论是非，不如多听一些樵夫的民谣和牧童的山歌；批评当代人的品德行为过失，不如多讲讲古圣先贤的格言善行。

解读

人不能逃避世事，不能不承担社会责任，但为大事者必须要有超脱世俗的心境，才可能修身养德，才可能为一展大志不息奋斗。古人一向认为，市井权贵，不如山野平民，与后者交，得自然真趣，见人心本性，而前者是世俗和计谋奸诈的代表。所以，一个真正有高雅情趣的人要接近自然，返璞归真。

勿昧所有　勿自夸耀

前人云："抛却自家无尽藏[①]，沿门持钵效贫儿。"又云："暴富贫儿休说梦，谁家灶里火无烟[②]？"一箴自昧所有，一箴自夸所有，可为学问切戒。

注释

①无尽藏：佛家语，是"无尽藏海"的简称，比喻无穷道德，此处有道德和财富的双重含义。②谁家灶里火无烟：是说任何人家多少都有点财产。

译文

前人说："放弃自己家中的大量财富，却模仿穷人持钵乞讨。"又说："由贫暴富的人，不要老向人家夸耀财富，其实哪家的炉灶不冒烟呢？"上面这两句谚语，一句是说自己看不见自己所有，妄自菲薄；一句是说夸耀自己暴富，妄自尊大，这些都是做学问的人必须要彻底戒除的。

解读

做学问要虚心，但不可心虚胆怯，以为自己一无所长，而是要发现自己的兴趣特点、优势，发挥自己的优势。"佛在灵山莫远求，灵山只在汝心头；人人有座灵山塔，好在灵山塔下修。"但是也不可骄傲，尤其不能目空一切，一个没能真正入门的人，常常在这两种心态之间徘徊，这是一种不够成熟的表现。

自薄而厚　先严后宽

恩宜自淡而浓；先浓后淡者，人忘其惠①。威宜自严而宽；先宽后严者，人怨其酷②。

注释

①惠：恩惠。②酷：冷酷，暴虐。

译文

施人恩惠要先从淡薄逐渐浓厚。假如先浓厚后淡薄，就容易使人忘怀这种恩惠。树立威信要先从严而逐渐变宽。假如先宽容后严厉，那么部属就会怨恨你冷酷无情。

解读

最理想的待人方法就是“先严后宽”“先淡后浓”，从事公共管理、规划个人前程均应如此。先严后宽者，使人于无望中得一侥幸，自是欣喜感激；先宽后严者，使人于无拘无束中忽然受到管束，自是不舒。做人要“先抑后扬”，抑如拉弓上弦，备一蓄势，然后方可有力射击，靶靶中的。

品味菜根

戒之，慎之，正汝身也哉！形莫若就，心莫若和。虽然，之二者有患：就不欲入，和不欲出。形就而入，且为颠为灭，为崩为蹶。心和而出，且为声为名，为妖为孽。

——庄周《庄子·人间世》

超然事外　明晓利害

议事者身在事外，宜悉利害之情；任事者身居事中，当忘利害之虑。

译 文

评论事物得失的人，以超然的身份置身事外，才能了解掌握事情的始末通晓利害；直接做事的人，置身事中，只要暂时忘掉个人的毁誉利害，才能专心从事所担负的任务。

解 读

“当局者迷，旁观者清。”旁观者没有个人利害掺杂其中，因而不影响他客观地观察，所以对事情的判断就更准确。身在事中的人常常因为牵涉到自己的利害关系，并有个人情感恩怨掺杂其中，所以免不了戴有色眼镜看人看事。所以，遇事时要把个人的恩怨毁誉放在一边，一心一意把事情办好。而现代司法为了避免感情色彩的影响，就有了“回避制”。

话语如风，妙在会听

三国时期，刘备带着关羽、张飞投奔青州太守龚景，在不到半年的时间里屡建战功。可是，他们三人不仅没有得到重用，反而常听到一些埋怨的话。为此，张飞气得整天喝闷酒。刘备怕张飞闹出事来，就对他说：“三弟啊，话语如风，妙在会听。圣人曾说过：当别人的话不顺你的心意时，一定要从合乎道义的方面去思考；当别人的话顺了你的心意时，一定要从不符合道义的方面去思考。只有这样，才能冷静理智地处理好自己所面对的各种问题。”

忙里偷闲　闹中取静

忙里要偷闲，须先向闲时讨个把柄[1]；闹中要取静，须先从静处立个主宰[2]。不然未有不因境而迁[3]，随事而靡[4]者。

注释

①把柄：把就是柄，比喻做事能把握要点。②主宰：主持、主见。③因境而迁：迁，转移。随着环境的变化而变化。④随事而靡：靡，当动词用，散败和损毁。随着事物的发展而盲目地随其后。

译文

忙碌时，也要设法抽出一点儿空闲时间，让身心获得舒展，把要做的事先做一规整，掌握要点。喧嚣中保持冷静头脑，就必须在心情平静时事先有个主张。不然，一旦遇到事情就会手忙脚乱，不知所措。随事盲目而行，往往把事情弄得一团糟。

解读

为人处世要讲方法，学会求静，在忙碌时要从容舒展，忙而不乱，喧嚣中保持头脑冷静，抓住要点。而这些功夫，在于平时要对事物有全面细致的把握，了解了事情才能有把握去做好。同时要训练自己遇事不慌的品性，凡事有个主心骨，拿得定主意。《中庸》说："凡事预则立，不预则废。言前定，则不跲。事前定，则不困。行前定，则不疚。道前定，则不穷。"

富知贫痛　少念老哀

处富贵之地，要知贫贱的痛痒[①]；当少壮之时，须念衰老的辛酸。

注释

①痛痒：痛和痒都是一种病，此处比喻痛苦。

译文

当你居富拥贵时，要了解贫贱之时的痛苦才行；当你年轻力壮时，应当想到年老体衰后的悲哀。

解读

富贵之时，要知贫贱的滋味不好受，才能珍惜眼前的事业和幸福，认真做事，不稍懈怠。遗憾的是有的人身处富贵之乡却不懂珍惜，骄恣放纵，结果白白毁掉了幸福基业，事到临头，追悔莫及。少壮之时，要知衰老之时的艰难，珍惜黄金时光，发奋努力，否则一生一事无成，老来不堪回首。一个人要爱惜生命，珍视幸福，珍惜机遇，多为将来考虑。

获得民爱，去掉民怨

春秋时期，有一年，晋国榆次山区有几块石头不断地发出声音。人们把那些连贯性的声音称作“石曲”，把那些间断性的声音称作“石言”。晋平王问师旷：“‘石曲’和‘石言’的出现和国家有关系吗？”师旷说：“有啊，那‘石曲’说明君主有爱民和民爱的一面；那‘石言’则说明君主有害民和民怨的一面。”见晋平王信以为真，师旷继续说：“君主应该经常体恤民情，国家才能长治久安。”晋平王听了连连称是，再也不增加百姓的负担了。

藏才隐智　任重致远

鹰立如睡，虎行似病，正是它攫[①]人噬[②]人手段处。故君子要聪明不露，才华不逞，才有肩鸿[③]任钜的力量。

注释

①攫：鸟兽用爪或翼取物。②噬：啃咬吞食。③肩鸿："鸿"通"洪"，是大的意思。肩鸿即担负大的责任。

译文

老鹰站在那里像睡着了，老虎走路时像有病的样子，但这正是它们准备捕捉猎物的手段。所以，君子要做到不炫耀聪明，不显露才华，如此才能具备肩负重大使命的毅力。

解读

武林中有种拳叫"醉拳"，打"醉拳"的人看似跌跌撞撞、晃晃悠悠，身上绵软无力，然而就在这乱无章法、似病似倒之中隐藏了无尽之力量。所以世上最有力量的东西，常常藏于最为柔软的外形之下；世上最有智慧的人，常常表现出一副忠厚愚拙的样子。"柔胜刚，弱胜强"。

品味菜根

仕不惟非其时不得轻出，即其时亦不得轻出。君臣僚友，那得皆其人也。仕本凭一"志"字。志不得行，身随以苟，苟岂可暂处哉？不得已而用气，到用气之时，于国事未必有济，而身死矣。

——傅山《仕训》

冷静观人　理智处世

冷眼观人，冷耳听语，冷情当感，冷心思理。

译文

要用冷静的眼光观察人，用冷静的耳朵听别人的话，用冷静的心情处理感情，用冷静的头脑去思考其中的道理。

解读

只有情冷才能心净。“万物静观皆自得”，一个头脑冷静的人，思考判断不受外物的干扰，因而观察能够细致入微，判断能够客观准确。如果心存浮躁，看事情就会浮泛无绪，乃至加进主观色彩。一个成熟的人待人冷静，处事理智，遇事不会感情冲动，做事就会有条不紊。一个“冷”字，代表的是一种处世的艺术，须持心修习方可自如运用。

理顺乱丝，心要细致

春秋战国时期，田忌是齐国军队的统帅，作战英勇，处事果断，就是有点粗心。为此，军师孙膑经常提醒他要细心从事。一次，田忌率兵援救赵国，孙膑对他说：“要解开一团乱丝，只能细心地理出头绪来，而不能强拉硬扯。现在，魏国派强兵进攻赵国，国内没有多少兵力了，我们可直取其都城大梁。这样，进攻赵国的魏军就会不战而退，赵国之围就会不解而缓。这时，我军在魏军归路上设下埋伏，必定能大获全胜。”田忌听了高兴地说：“对呀，心细才能理乱丝。我们就从这里理出个头绪来，不仅可以解赵国之围，还可以将魏军的主力一举消灭。”按照这个决策，齐国取得了桂陵之战的胜利。

恶不即就　善不即亲

闻恶不可就恶[①]，恐为谗夫[②]泄怒；闻善不可即亲，恐引奸人进身。

◇**注释**◇

①就恶：立刻厌恶。②谗夫：用流言来陷害他人的小人。

◇**译文**◇

听到谁说人家有过错或做了坏事，不可信以为真马上就起厌恶之心，必须经过自己一番冷静的观察，这样才能判断是否是进谗小人在诬陷泄愤；听到谁赞扬某人有善行做了好事，也不要立刻就相信他而去交往亲近，也必须经过自己一番冷静的观察，以免被那些奸人作为谋官求职的手段而引狼入室。

◇**解读**◇

孟子在识别人才上有段名言："左右皆曰贤未可也，诸大夫皆曰贤未可也，国人皆曰贤然后察之，见贤焉然后去用之；左右皆曰可杀勿听，诸大夫皆曰可杀勿听，国人皆曰可杀然后察之，见可杀焉然后杀人。"在现实生活中，一定要有自己的原则立场，不可随意听信别人的传言，听到别人议论后要客观冷静地调查，事情清楚之后再下结论。

【品味菜根】

世之听者，多有所尤。多有所尤，则听必悖矣。所以尤者多故，其要必因人所喜，与因人所恶。

——吕不韦《吕氏春秋·有始览·去尤》

刻失人和　滥招恶友

用人不宜刻，刻则思效者去；交友不宜滥①，滥则贡谀②者来。

注释

①滥：轻率，随便。②贡谀：说好话逢迎讨好的意思。

译文

用人要宽厚而不可太刻薄，太刻薄就会使想为你效力的人离去；交友不可太多太浮，否则善于逢迎的人就会来到你的身边。

解读

在现代社会，一个人要想事业成功，不但要有能力，有阅历，还需要有融洽的人际关系。待人宽厚者，易于和人相处，朋友多，机会就多。而待人刻薄者，谁和他打交道都会感到心寒，避而走之，敬而远之，这种人在事业上很容易遭受挫折。当然，为人宽厚并不是要与人人为友，交友上要宁缺毋滥，一个生死之交远胜过一群酒肉朋友。

取其精华而忘其粗

春秋战国时期，九方皋是一位相马大师，但是秦穆公却对伯乐说："你给我介绍的相马人——九方皋，告诉我在一个叫沙丘的地方有一匹千里马，是黄色的公马。可是派人去看，原来是一匹黑色的母马。他连马的颜色和性别都弄错了，又怎么能识别出马的好坏呢？"伯乐说："这恰恰说明九方皋的相术比我高明得多啊。他在相马的时候，取其精，而忘其粗；重其内，而忘其外；只看马的风骨，而忘了马的颜色和性别。大王如果不相信，可以试一试那匹马的脚力。"秦穆公让人当场试验，果然是一匹千里马。

居官有度　居乡易交

士大夫居官不可竿牍无节[①]，要使人难见，以杜钜端[②]；居乡不可崖岸太高[③]，要使人易见，以敦旧好。

注释

①竿牍无节："竿"通"简"，竿牍就是简牍，即书信。②杜钜端：杜是杜绝，钜端是非分幸进。③崖岸太高：比喻性情高傲。

译文

一个人做官的时候，对于求荐的书信不能无节制地延揽接待，处人要保持一种严肃恭谨的态度，对于有所求的人要尽量少接见。一旦去官闲居田园乡间以后，就不能再摆那种高不可攀的架子，平日跟家乡父老应表现出和蔼可亲的态度，以便敦睦乡邻的感情。

解读

汉高祖平定天下后，群臣仍以往昔共同作战之时的态度相处，嬉闹无间，刘邦颇感不是滋味。于是听从儒士之言制定上朝觐见规章，令文武百官熟习数月，自此君臣之间礼仪有序，朝廷上气象森然。不过，自春秋以来，因礼废饬，老百姓早已习惯了无拘无束的生活，故而刘邦衣锦还乡，落得老家人一顿讥笑臭骂。由此可以看出，居官与居乡，在态度上要有所不同，以适应人情世态。

逆境比下　怠荒思上

事稍拂逆[①]，便思不如我的人，则怨尤[②]自清。心稍怠荒[③]，便思胜似我的人，则精神自奋。

注释

①拂逆：不顺心、不如意。②怨尤：把事业的失败归咎于命运和别人。③怠荒：精神萎靡不振，懒惰放纵。

译文

事业稍不如意而处于逆境时，就应想想那些不如自己的人，这样怨天尤人的情绪会自然消失；事业顺心而精神松懈时，要想想比自己更强的人，那么精神就自然会振奋起来。

解读

中国人善于比较，“比上不足，比下有余”，在你遇到不如意时，不妨和那些比你更不如意的人做一比较，这样就不致气馁，有利于恢复信心。而当你顺心之时，也不妨向事业上的强手看齐，与强手相比，有利于激发斗志，发愤向上。人要学会自己调整心境，做到胜不骄，败不馁。

品味菜根

常思某人境界不及我，某人命运不及我，则可以自足矣；常思某人德业胜于我，某人学问胜于我，则可以自惭矣。

——王永彬《围炉夜话》

得休便休　了时无了

人肯当下休，便当下了。若要寻个歇处，则婚嫁虽完，事亦不少。僧道虽好[①]，心亦不了。前人云："如今休去便休去，若觅了时无了时。"见之卓矣。

注释

①僧道虽好：僧，僧人。道，道士。好，美、善，此处指清静无外人干扰。

译文

人做事，应罢手时就要下定决心结束。假如犹豫不决想找个好时机，那么就像男女结婚虽然完成了终身大事，以后家务和夫妻儿女之间的问题还很多。人们别以为和尚道士好当，其实他们的七情六欲也未必全除。古人说得好:"现在能罢休就赶紧罢休，如果说找个机会罢休，恐怕就没了罢休的机会。"这真是一句极高明的见解。

解读

南怀瑾先生曾遇到一些佛教徒，说他们想把一颗烦躁之心放下，但总是放不下，问先生有什么放下的方法。先生说:"你们啊，大丈夫说放下就放下了，怎么还要去寻找一个放下的方法!"听者无不为之动容。当断则断，丈夫所为;当断不断，必有后患。张良急流勇退而全身，韩信因恋功而被杀。得休便休，当机立断，犹豫留恋，永无了时。

知足则仙　善用则生

都来眼前事，知足者仙境，不知足者凡境；总出世上因，善用者生机，不善用者杀机[1]。

注释

①杀机：害人损物的危机。

译文

对现实生活环境中的事物感到满足的人就会享受神仙一般的快乐，感到不满足的人就摆脱不了庸俗的困境；事物总是由因缘和合而生，假如能善于运用就处处充满生机，不善于运用就处处充满害人损物的危机。

解读

要想真正享受人生乐趣，就当有知足常乐的思想。老子说："知足者富，强行者有志。"同时，要善于借助机会，积德行善，刻苦努力，创造有利于成功的条件。机会来临之时，不可错过。范蠡对抓住机遇有一段精辟的论述，他说："从时者犹救火追亡人也，蹶而趋之，惟恐弗及。"

品味菜根

己之温，思人之寒；己之安，思人之艰。

——方孝孺《杂铭·衾》

退步宽平　清淡悠久

争先[1]的径路窄，退后一步自宽平一步；浓艳的滋味短，清淡一分自悠长一分。

注释

①争先：此指好胜逞强。

译文

争强好胜，道路就觉得很窄，假如能退后一步，自然觉得路面宽平很多；太过浓艳的味道是短暂的，假如能清淡一分会觉得滋味历久弥香。

解读

好胜之心，人皆有之，然而争强好胜要分时机场合。刀山火海，不宜争强。如来佛手心，不宜好胜。“退一步海阔天空”，当退则退，识时务也。郑板桥有诗云：“聪明难，糊涂难，由聪明转入糊涂更难，得一着，退一步，当下心安，非图后来福报也。”

当年辛苦为何

宋郊是宋代的宰相。在一个元宵节夜里，他正在书院里读《周易》，忽然听到他当学士的弟弟宋祁正在华丽的灯盏下拥抱歌妓、通宵欢歌醉饮的声音。第二天，宋郊便派亲信去责备宋祁说：“听说你昨晚燃灯夜宴，通宵达旦，奢侈得有些过分了！不知道你还记不记得那年元宵节在某州学里烧饭啃咸菜的情形？”

处进思退　著手图放

进步处便思退步，庶免触藩[1]之祸；著手时先图放手，才脱骑虎之危。

注释

①触藩：进退两难。

译文

事业顺利进展时，应该有一个抽身隐退的准备，以免将来像山羊的角夹在篱笆里一般，把自己弄得进退两难；刚开始做一件事时，就要预先策划好在什么情况下应该罢手，不至以后像骑在老虎身上一样，无法控制已形成的局面。

解读

做事是为了成事，一股劲猛进不可取，犹犹豫豫也不可取，应知进知退，有张有弛。居安思危，处进思退才是行事方法。狡兔尚有三窟，何况为人行事。中国士大夫在长期的官宦生涯中，早已养成了进退自如之功。“达则兼济天下，穷则独善其身。”“居庙堂之高则忧其民，处江湖之远则忧其君。”

躁极则昏　静极则明

时当喧杂，则平日所记忆者，皆漫然忘云；境在清宁，则夙昔所遗忘者，又恍尔[①]现前。可见静躁稍分，昏明顿异也。

注释

①恍尔：恍然、忽然。

译文

每当周围环境喧嚣杂乱使人心情浮躁时，平日所记忆的事物就会忘得一干二净；每当周围环境安静使人心神平和时，以前所遗忘的事物就会忽然浮现在眼前。可见浮躁和宁静只要有一点点的区分，那么昏暗和明朗就会迥然不同。

解读

人处在浮躁之中，做事就会失去方寸；而心境平和，精神就会集中，考虑问题自然周密。所以，遇到事时，一定要记住："少安毋躁，事缓则圆。"不可拂意则忧，顺意则喜，志得则扬，志沮则馁，而要不以物喜，不以己悲，任何情况下都要保持一个清醒的头脑，沉着应付。一个人如果不能很好地控制自己的情绪，是不利于事业成功的。

品味菜根

学须静，静可以一心志，凝思虑；不静则学或骛外，不能向里。

——张謇《张季子九录》

安乐寻常　事无绝对

有一乐境界，就有一不乐的相对待；有一好光景，就有一不好的相乘除。只是寻常家饭，素位风光，才是个安乐的窝巢。

译文

有一个快乐的境界，就会有一个不快乐的事物相对应；有一个美好的光景，就会有一个不好的风光来抵消。可见有乐必有苦，有好必有坏，只有平平常常、安分守己才是快乐的根本。

解读

人的福分总不能完全，有时有德之人无福，有时有福之人无德。在世俗世界里，根本没有人能把所有福分占全。才学高一点的人，物质享受就会差一些；财富多的人，学问上就会浅一些。想在将来有成，现在必得吃苦，有一乐就有一悲相对，有一美就有一丑相对。所以，我们要适应世俗的这种不完美状况，守定自己的本分。

因艺废爵

从前，某优是京城里一个戏班技艺精湛的艺人，他是满族的世家子弟。后来，他有了承袭家里世爵的机会，但就因为他是艺人便不能承袭爵位，所以就有人劝他不要再做艺人了。然而他不明白，为什么要放弃演戏来谋求爵位呢？有人说："唱戏的职业是低贱的，而爵位的名声是荣耀的。人本就该往高处走。"某优说："我作为艺人，并不觉得卑污下贱。上则扮作帝王，下也不失为将军大臣。掀帘出场则引导众人观看，在人间的荣耀真是最高的了。"有人说："那都是假的。"某优笑着说："你以为得到爵位的荣耀就是真的了吗？或许还没有来得及享用，第二天就被罢免了。"

了心悟性　俗即是僧

缠脱[①]只在自心，心了则屠肆糟廛[②]，居然净土[③]。不然，纵一琴一鹤，一花一卉，嗜好虽清，魔障[④]终在。语云："能休尘境为真境，未了僧家是俗家。"信夫!

注释

①缠脱:解脱困扰。②糟廛(chán):糟，酒滓。廛，市场。③净土:佛家语，指佛国。④魔障:佛家语，魔为梵语，指障害。魔障即妨害修道。

译文

一个人能否摆脱烦恼的困扰，取决于自己的决心，只要你内心清净了无杂念，即使生活在屠宰场、餐饮店中也觉得是一片净土。反之，即使你有一琴一鹤相伴，而且屋里屋外花香卉奇，内心也不能安静，苦恼仍然会困扰你，所以说:"能摆脱世俗的困扰就等于到达了真实境界，否则即使住在僧院里也和俗人没什么区别。"这的确是一句至理名言!

解读

僧俗之别，只在一念。若心静则无论身处何方，世界均是一片净土。若心中不静，即便是形式上做得再好，事实上仍然不能挣脱欲海欲波。所以，生活于世，要抓根本，从根本上理解世界，把握世界。世事洞明，人情练达方可随心所欲，不为条框所约束。济公酒肉穿肠过，仍是"活佛"，就是因为他抓的是普度众生之根本。所以像济公这样的"活佛"，远比只知拘泥形式、苦心自修的修持者修得的品位要高。

以我转物　逍遥自在

以我转物者，得固不喜，失亦不忧，天地尽属逍遥；以物役我者，逆固生憎，顺亦生爱，一毛便生缠缚。

译文

以我为中心支配事物的人，成功了固然不觉得高兴，失败了也不会忧愁。因为广阔无边的天地到处都可悠游自在；以物为中心而受物欲所奴役的人，遭遇逆境时心中固然会产生怨恨，处于顺境时却又产生留恋不舍之心，鸡毛蒜皮的小事便使身心受到困扰。

解读

"黄冈四才子"之一的熊十力先生，当年在武昌城上语惊四座："天上地下，唯我独尊。"牟宗三先生也深为熊先生之精神气质所振奋。他回忆说："第一次上课时，熊先生拍案愤语：'当今之世，能讲晚周诸子者，唯我熊某一人，其余全是混扯。'熊先生真可谓以我心主宰世界的代表，所以，他才能够历经变乱不改心志，演成新唯识理论，至死不渝。"

人弃我取，人取我与

战国时期洛阳人白圭，是一位巨商大贾。白圭经商所遵循的是"人弃我取，人取我与"的方针。他所经营的主要是农副产品。按照这八字方针，丰年时粮食大量上市，导致粮价下跌，这时将粮食收购入库，便是"人弃我取"。荒年，粮价上涨，就将库存的粮食出库销售，便是"人取我与"。谷贱时也不过分压价，谷贵时也不过分抬价，这样既能从中获利，又调剂了市场供求关系，因此他被誉为"诚贾良商"。白圭强调，一个高明的商人，应有智、勇、仁、强四方面的修养，这样才能在复杂多变的商战中立于不败之地。

落叶蕴芽　生机含杀

草木才零落[①]，便露萌颖[②]于根底；时序虽凝寒[③]，终回阳气[④]于飞灰[⑤]。肃杀之中，生生之意常为之三，即是可以见天地之心。

注释

①零落：枯萎凋谢。②萌颖：萌，草木的芽。颖，草木的小苞。③凝寒：极度寒冷。④阳气：指春天和暖的气候。⑤飞灰：中国古时置葭灰于筒中，到冬至之时一阳来复，其灰自然飞去，用来定时序。

译文

花草树木刚刚枯萎凋谢，下一代新芽就已经从根部长出；节气刚刚更迭成寒冬，温暖的阳春就将接踵而来。当万物到了飘零枯萎的季节，暗中却隐藏着绵延不绝的蓬勃生机。在这种生生不息之中，可以看出大自然的化育之恩。

解读

天地万物生生不息，天道运行强健有力。太阳沉下去了，明朝还会升起，花儿凋零了，明年还会再开。自然界就是一个生死循环的过程，而在肃杀寥落中总存有生生不息之机。所以，为君子者，做事不要以一时的成败定结论，要善于透过外表看到事物发展的未来趋向，于不利中把握存在的有利条件，奋斗不息，迎接有利时机的来临。千百年来，中国士大夫总爱以一句话自励："天行健，君子以自强不息。"

顺逆一视　欣戚两忘

子生而母危，镪[①]积而盗窥，何喜非忧也；贫可以节用，病可以保身，何忧非喜也。故达人当顺逆一视，而欣戚[②]两忘。

注释

①镪（qiǎng）：古时用来贯串钱币的绳索。此处作金银的代称。②戚：忧伤。

译文

母亲生孩子是一件很危险的事情，积蓄金钱却又容易引起盗贼的窥探，可见，值得高兴的事都附带有忧患。贫穷可以使人勤俭，疾病可以使人学会保养身体，可见，任何值得忧虑的事也伴随有欢乐。所以，一个心胸开阔的人，总能把福和祸一视同仁，把高兴和悲伤忘掉。

解读

古代边塞上一个老头儿丢了一匹马，别人来安慰他，他说："你怎么知道这不是福呢？"后来这匹马竟带了一匹好马回来了。他的儿子因为有马，经常骑马远游，竟摔坏了一条腿。邻人都为他感到伤心，老头又说："你怎么知道这是祸呢？"不久战争爆发，他儿子因为身有残疾逃过了征役。邻人的孩子反而战死疆场，一去不回。所以有"塞翁失马，焉知非福"之说，也即老子所说的："祸兮福之所倚，福兮祸之所伏。"任何事情都有它相反的一面，看开了，一切皆通，从而达到"不以物喜，不以己悲"的境界。

把握本质　卷舒自在

人生原是一傀儡[①]，只要根蒂在手一线不乱，卷舒[②]自由，行止在我，一毫不受他人提掇[③]，便超出此场中矣。

注释

①傀儡：原是一种木头做的假人，由真人躲在幕后用线来操纵其动作。②卷舒：伸缩。③提掇：牵引上下。

译文

人生本来就像一场木偶戏，只要你能把控制木偶活动的线掌握好，你的一生就会进退自如随心所欲，丝毫不受他人的操纵。能做到这样，你就可以超然置身于尘世之外。

解读

人生一场戏，但自己要看清本质。关键是你要操纵生活，让生活围绕你转，而不能让生活操纵你。做事也要发现规律窍门，一窍通则百窍通。让事情按你的策划布置有条不紊地完成，不要就事论事，没有总体把握，会显得手忙脚乱。在一个家庭中，只有主人才能进退自如，从容不迫，而客人却显得手足无措，差别就在于二者对室内了解不同，支配能力不同。

贪眼前利　忽潜在危

失血于杯中，堪笑猩猩之嗜酒；为巢于幕上，可怜燕燕之偷安。

译文

可笑啊！猩猩在被人杀掉放血于杯中时，还贪喝那诱其就擒的美酒；可怜啊！燕子在幕帘上筑巢那么危险，却只顾眼前的安全。

解读

壁立千仞，无欲则刚。而目光短浅的人往往只顾贪恋眼前的利益，却忽视了潜在的危险。殊不知，这轻而易举得到的好处、来之无由的利益就是诱你步入危险境地的饵料。所以，这时就应该去清醒地思考，从长远的角度来考虑，不为一时的诱惑蒙住了眼睛，迷失了意志。我们要做一个胸怀大略、高瞻远瞩的智者，不要做一个因贪图蝇头小利、小恩小惠而招致羞辱的愚人。

先预后断，先谋后战

宋朝时期，董宪是岳飞的爱将，不仅作战英勇，而且善于学习。一天，他向岳飞请教，问："战场上瞬息万变，怎样才能在短时间内做出正确的决策呢？"岳飞说："要做到这一点，先预后断很重要。就是在战前把相关的情况都摸清楚，经过研究就能够预见到战争的结果。有了这种对战争结果的预见，战与不战就好决定了。"董宪又问："战争过程复杂易变，怎样才能做到每战必胜呢？"岳飞说："要做到这一点，先谋后战很重要。就是在战前把战争过程演示一遍，把各个环节上的变化看清楚，按照对自己有利的目标谋划出具体的作战方案，这样就胜券在握了。"

沤生大海　影灭长空

物莫大于天地日月，而子美[1]云：“日月笼中鸟，乾坤水上萍。”事莫大于揖逊征诛，而康节[2]云：“唐虞揖逊三杯酒，汤武征诛一局棋。”人能以此胸襟眼界，吞吐六合，上下千古，事来如沤生大海，事去如影灭长空，自经纶万变而不动一尘矣。

注释

①子美：杜甫，字子美。唐代诗人，与李白并名。②康节：邵雍，字尧夫，谥康节，北宋哲学家。

译文

天下之物没有比天地日月还要大的，可是唐代诗人杜甫却说：“日月像笼中的小鸟，天地像水上的浮萍。”天下之事没有比拱手把政权让给贤者或以武力夺取政权还要大的，可是北宋哲学家邵雍却说：“唐尧让位给虞舜只是像喝三杯酒那样微不足道，商汤放逐夏桀周武王征伐商纣仅是像下一局棋那样寻常容易。”人们如果能以此胸怀和眼界来操纵宇宙之物，评论古今之事，事情到来就像水泡生成于大海，事情过去就像幻影消失在天空。这样，自然就做到了遇到变故而能镇定从容。

解读

世事无常，如果把每一次“无常”之事都悬系于心头，必将因难以承受负荷而心衰力竭。如果我们有能把权力拱手相让于高人的魄力，那么还有什么摆脱不掉的呢？世间之事，转瞬即逝，过不留痕，这才是对待世俗之事本应持有的态度。而临危不乱，游刃有余地面对各种意想不到的变故，则是做人的较高准则。

适可而止　持盈保泰

帆只扬五分，船便安全，水只注五分，器便稳。如韩信[①]以勇略震主被擒，陆机[②]以才名冠世见杀，霍光[③]败于权势逼君，石崇[④]死于财赋敌国，皆以十分取败者也。康节云："饮酒莫叫成酩酊，看花慎勿至离披。"旨哉言乎！

注释

①韩信：秦末淮阴人，与萧何、张良并称"汉兴三杰"。②陆机：西晋吴郡人。太康末年与弟陆云入洛阳，以文才名噪一时。③霍光：汉河东平阳人。武帝时为奉车都尉，霍光死，宣帝亲政，以谋反罪夷其族。④石崇：字季伦，晋南皮人，于河阳置金谷园，奢靡无度。

译文

帆只扬起五分，船便安全；水只注满五分，容器便稳固。例如，韩信因为勇猛和有谋略使君主害怕，而被擒获；陆机因为才华横溢、名噪一时，受人陷害而被杀；霍光由于他把握朝政、以权势威逼君主而失败；石崇由于他的财富可与国家的财富相匹敌而被杀。这些都是由于他们为人处世要达到十分才导致败亡的。北宋哲学家邵雍说："喝酒莫要喝得酩酊大醉，看花不要看得眼神散乱。"这确实是意味深远的言论啊！

解读

为人处世要懂得适可而止，做事过盈过满，则必然会走向亏缺。当事业干至中途时，一切都是蓬勃向上的状态，那时足以品味即将成功的喜悦；当事业达到顶峰时，就要以"如临深渊，如履薄冰"的冷静、谨慎的态度来待人接物，要做到心中有数，知进知退，才能永享幸福。

养身篇

弄权一时　凄凉万古

栖守道德[①]者，寂寞一时；依阿[②]权势者，凄凉万古。达人[③]观物外之物，思身后之身[④]，宁受一时之寂寞，毋取万古之凄凉。

《注释》

①道德：指人类所应遵守的法理与规范。②依阿：阿与依同义，依附、迎合，指自己缺乏独立人格，凡事都随意附从他人意见。③达人：指智慧高超、胸襟开阔、眼光远大的人。④身后之身：是指死后的名誉。

《译文》

恪守道德节操的人，可能会遭受一时的冷落；而依附权势的人，却会遭受千年万载的唾弃。通达事理的人，重视物质以外的精神价值，思虑死后的名誉。所以，他们宁愿忍受一时的寂寞，也不愿遭受永久的凄凉。

《解读》

“宁受一时之寂寞，毋取万古之凄凉”，由古至今，这样的例子很多。它既表现在品性修养上，也表现于具体事业中。苏武放逐于北海之滨，整日与苍天荒野和羊群为伍，一去就是十九年，然而他不辱使命，不屈汉使气节之风骨，世代传诵。石敬瑭为求一时之荣华，竟向比他年岁还小的异族王称臣称儿，甘当儿皇帝，落得一世笑柄。人生一口浩然气，这口气没了，人也就不称其为人了。

淡中知味　常里识英

酿肥[1]辛甘非真味，真味[2]只是淡；神奇[3]卓异[4]非至人[5]，至人只是常。

注释

①酿（nóng）肥：酿，美酒；肥，美食、肉肥美。②真味：美妙可口的味道，比喻人的自然本性。③神奇：指异乎寻常。④卓异：形容卓越超凡，与众不同。⑤至人：道德修养都达到完美无缺的人，即最高境界。

译文

美酒肥肉、辣味甜品并不是真正的美味，真正的美味应该是清淡的；异乎寻常、与众不同的人，并不是真正德行完美的人，真正德行完美的人往往是平凡的人。

解读

人生智慧有三个境界，一是知，认识世界，了解世界；二是智，运用技能，改造世界，掌握世界；三是至，与日月同辉，与天地同寿，冥然不知有世俗之功名与利禄。如果按这个标准衡量，孔子儒学尚在第二境界，因为儒学强调入世治世。老庄哲学才可入第三境界。庄子说："至人无己，神人无功，圣人无名。"道家的这一思想后来为佛教禅宗借用发挥，形成了"饥来吃饭倦来眠"的简便修行方法。

静中观心　真妄毕见

夜深人静独坐观心[①]，始觉妄穷[②]而真[③]独露，每于此中得大机趣[④]；既觉真现而妄难逃，又于此中得大惭忸[⑤]。

注释

①观心：指观察一切事物，此处作自我反省解。②妄穷：妄，妄念。穷，极、尽，此处是消失的意思。③真：此处当真心、真正本性讲。④机趣：机是极细致；趣可作旨意、意趣解，即很深的意趣。⑤惭忸：羞愧。

译文

在夜深人静的时候，独自反省检查自己的内心，你才会觉得自己的妄念完全消失，露出了自己的真正本性。每当真正本性流露之际，就能体会到很深的意趣。然而，悟到了自己的真正本性却又难以消除各种妄念，于是，心灵上又感觉到万分羞愧。

解读

妄心即欲求之心，执着之心。在光天化日之下，各种各样的缘分汹涌而来，促使你不断产生贪、嗔、痴、愚、骄等妄念，也是情有可原的。在夜深人静时面对无欲无念的清净自然，真心流露方感白昼里的喧嚣浮华真是对自己的严峻考验。人生在世，“所欲不得”为最苦，操持此心已离本逐末，你不得不整日为此算计奔忙。如果再无三五之夜的静思悔悟，人真要被俗欲累死而心犹不甘。

淡泊明志　肥甘丧节

藜口苋肠①者，多冰清玉洁②；衮衣玉食③者，甘婢膝奴颜④。盖志以淡泊明，而节从肥甘⑤丧也。

注释

①藜（lí）口苋（xiàn）肠：藜，属藜科一年生草本植物，嫩苗可蒸煮吃。苋，属苋科一年生草本植物，茎叶可食。此处指平民百姓。②冰清玉洁：形容人的品德像冰一样清明透彻，像玉一样纯洁无瑕。③衮（gǔn）衣玉食：衮衣是古代帝王所穿的龙服，此处比喻华美的服饰。玉食是形容山珍海味等美食。衮衣玉食是华服美食的意思。④婢膝奴颜：也作奴颜婢膝，奴和婢都是古代没有自由和独立人格的人，后比喻自甘堕落而没骨气的人。⑤肥甘：美味，比喻物质享受。

译文

能过粗茶淡饭生活的人，多半是心地像冰玉般纯洁的人；而贪求华服美食的人，多半是甘愿卑躬屈膝、奉承讨好的人。因此，一个人的志向要在清心寡欲的状态下才能表现出来，而一个人的节操却在贪图享受中丧失殆尽。

解读

品格不能保全的人，多是从骄奢淫逸开始的。曹操最善于利用这类人的弱点，也最瞧不起这类人。曾有人告密求赏，曹操处斩谋反者后又把告密者处死，骂他们无情无义，只知利禄。追求荣华富贵是人的天性，本没有错，但必须以自己的能力，通过正常的渠道去获得，以免不择手段，丧失了气节品性。古语曰：“淡泊以明志，宁静以致远。”

动静合宜　道之真体

好动者云电风灯[①]，嗜寂者[②]死灰槁木[③]；须定云止水[④]，中有鸢飞鱼跃[⑤]气象，才是有道的心体[⑥]。

注释

①云电风灯：形容短暂、不稳定。②嗜寂者：特别好静的人。③死灰槁木：死灰是指熄灭后的灰烬。槁木是指枯树，比喻丧失生机的东西。④定云止水：定云是指停在一处不动的云。止水是指停在一处不流的水。都是比喻极为宁静的心境。⑤鸢（yuān）飞鱼跃：指极为宁静中的动态。鸢，形状如鹰。⑥心体：心就是本体，因为古时以心为思想的主体。

译文

一个好动的人就像乌云下的闪电，风暴中的孤灯；一个喜欢清静的人，宛如冷却的灰烬、枯槁的树木。人的内心世界，应该如同天上不动的云、河中静止的水，看上去沉稳平静，其中却有鸢鸟高飞、鱼儿欢跃。如此，才是真正有道德、有才智的心胸。

解读

“动有时，藏有节”，是中国的古训，过动者易躁，过静者寂枯，均不合中庸之道，也表露出这个人对世界的理解把握不够深刻、全面，因而缺乏自信从容。动静合宜才不失人生的境界。这样的人在一个寂灭压抑的世界中，仍会鼓足勇气从事创造；处于惊涛骇浪的混乱时代，也能适应环境求得生存，做到处变不惊，宁静致远。

志在林泉　胸怀廊庙

居轩冕①之中，不可无山林②的气味；处林泉之下，须要怀廊庙③的经纶④。

◇注释◇

①轩冕：古时大夫以上的官吏，每当出门时都要穿礼服坐马车。轩是马车，冕是礼服，比喻高官。②山林：泛称田园风光或闲居山野之间，山林和林泉均比喻隐退的意思。③廊庙：比喻在朝从政做官。④经纶：比喻策略，即胸中要有供朝廷采用的谋略。

◇译文◇

身居显位高官的人，不可不保持一种隐居山林淡泊名利的情趣；隐居在田园山林之中的人，必须要有胸怀天下治理国家的壮志和蓝图。

◇解读◇

出世与入世的关系，自春秋以来，一直争论不休，直到魏晋时期的郭象，才摆平了二者的关系。这就是后人常讲的“居庙堂之高则忧其民，处江湖之远则忧其君”，士大夫“志在林泉，胸怀廊庄”。不得意时，出世自修，形势有利时，入世参政，“达则兼济天下，穷则独善其身”。

正气天地　清名乾坤

宁守浑噩[1]而黜[2]聪明，留些正气还天地；宁谢纷华[3]而甘淡泊，遗个清名在乾坤[4]。

注释

①浑噩：同浑浑噩噩，泛指人类天真朴实的本性。②黜（chù）：使摒除。③纷华：繁华富丽。④乾坤：象征天地、日月、宇宙等。

译文

人宁可保持淳朴天真的本性而使后天的诡诈乖巧摒除，保留一些刚正之气还给大自然；宁可抛弃世俗的荣华富贵而甘于淡泊、清虚恬静，留一个纯洁高尚的美名还给天地。

解读

文明的发展有两个标志：一是人学会了运用智慧；二是人拥有了财富。人们对文明有两种态度：一种看法认为智谋算计等同于阴险狡诈，应该摒弃，繁华富丽不洁，应该远离；另一种看法则认为人要适应智慧的竞争，同时要学会享受财富。发展随着人对文明的不适应和反抗，也激起了人对利益的疯狂追求，这是两个极端。我们没有必要回避现代社会的纷繁，但也要保持几分淡泊，学会超脱。

伏魔自心　驭横平气

降魔[1]者先降自心，心伏则群魔退听[2]；驭横[3]者先驭此气，气[4]平则外横不侵。

注释

①降魔：降，降服。魔的本意是鬼，此处当障碍修行解。其实魔是梵语“魔罗”的简称，意译是“夺命障碍，扰乱破坏”。②退听：是指听本心的命令，又当不起作用解。③驭横：控制强横无理的外物。④气：此处当情绪解。

译文

想要制服欲念邪想的人，首先必须制服自己内心的邪念。自己内心的邪念平息了，各种欲念邪想自然也就退却了。要想控制不合理的横逆事件，首先必须控制自己容易浮动的情绪。自己浮动的情绪控制住了，所有外来的强横事物也就不能侵害了。

解读

王阳明说：“破山中贼易，破心中贼难。”人生最大的敌人是自己，只有先制服了内心邪念，才能踏上进德修业的坦途。做人必须在自我上下功夫，自心如果迷失了方向，为物欲情欲所困扰，就是一百匹马也把你拉不回来。所谓的“一念动处，万马奔腾”，讲的正是邪念对心性的冲击。

欲路勿染　理路勿退

欲路[①]上事，毋乐其便而姑为染指[②]，一染指便深入万仞[③]；理路[④]上事，毋惮[⑤]其难而稍为退步，一退步便远隔千山。

注释

①欲路：泛称有关欲念、情欲、欲望，也就是佛家所说的“五欲烦恼”的意思。②染指：比喻巧取不应得的利益。③仞：长度单位，古时以八尺为一仞。④理路：泛称有关义理、真理、道理。⑤惮：害怕。

译文

关于欲念方面的事，绝对不要贪图利益，而不正当地占为己有。一旦贪图非分的利益就会坠入万丈深渊。关于真理方面的事，绝对不要由于畏惧困难，而生退缩的念头。一旦退缩就会和真理正义有千山万水之隔。

解读

人的欲望客观存在，刻意去压抑是和社会进步不相符的。不过，虽然欲望本身不是恶，但多余或非分的欲望却可能导致恶。所以，如果过分放纵情欲物欲很容易迷失本性，不加以限制地贪图非分之乐就会坠入欲念深渊。因为处在享乐中的人们很难克制欲望，所以才需要通过修身养性来对其加以克制。这个过程很艰难，贵在坚持。

真理的追求和心性的修炼一样，不仅是一件很艰苦的事，而且还是长久的事、一生的事。所以古人既云“书山有路勤为径，学海无涯苦作舟”，又云“学如逆水行舟，不进则退”。行百里者半九十，如果在修炼品德和追求真理的过程中心生惧意而退缩，就会前事尽废，蹉跎一生。

念头勿浓　勿陷枯寂

念头浓[①]者，自待厚待人亦厚，处处皆浓；念头淡[②]者，自待薄待人亦薄，事事皆淡。故君子居常[③]嗜好，不可太浓艳[④]，亦不宜太枯寂[⑤]。

◇注释◇

①念头浓：心胸宽厚。念头当想法或动机解。②淡：浅薄。③居常：日常生活。④浓艳：指丰盛豪华，此处作奢侈无度解。⑤枯寂：寂寞到极点之意，此处当吝啬解。

◇译文◇

一个心胸宽厚的人，自己的生活丰足，对待别人也大方，以致凡事都要讲究气派豪华。一个欲望淡薄的人，自己过着清苦的生活，对待别人也很淡薄，因此凡事都表现得冷漠无情。可见，一个真正有修养的人，日常的爱好，既不能过分讲究气派、奢侈，也不能过分吝啬、刻薄。

◇解读◇

在日常生活中，宽厚与淡泊之间，必须有一定的尺度。宽厚过度就流于奢侈，淡泊过度就流于吝啬。待人的浓艳枯寂一定要适中，做人才能合群受敬。浪费无度足以败身，刻薄寡恩必将失人。这些都是导致人们失败的因素。君子要遵循中庸之道，要把自己的生活安排得既合世俗人情，又无悖于礼教规范；既有利于处世交游，又有利于静坐修习；既要人情，也要人理；处浓淡之间，守中和之气。

君子无祸　勿罪冥冥

肝受病则目不能视，肾受病则耳不能听；病受于人所不见，必发于人所共见。故君子欲无得罪于昭昭①，必先无得罪于冥冥②。

注释

①昭昭：显著，明显可见，公开场合。据《庄子·达生》："昭昭乎若揭，日月而行也。"②冥冥：昏暗不明，隐蔽场所。据《荀子·劝学》："无冥冥之志者，无昭昭之明。"

译文

肝脏染上疾病，眼睛就看不清；肾脏染上疾病，耳朵就听不清。病虽然生在人们所看不见的地方，但病的症状必然发作于人们都能看见的地方。所以，君子要想表面没有过错，就必须先从看不到的细微处下功夫，防微杜渐。

解读

杨震，东汉人。曾有人给他送礼，杨震严词拒绝。送礼的人说："这里又没有人看见。"杨震正色相告："天知，地知，你知，我知，斯有四知，何谓不知？"送礼的人满脸羞愧地走了。杨震所为，真是儒家慎独的典范。俗话说"要想人不知，除非己莫为"，天网恢恢，谁可脱漏。所以，修养品德要表里如一，在任何情况下都要对得起自己的良心。

品味菜根

积羽沉舟，群轻折轴，故君子禁于微。

——刘安等《淮南子·缪称训》

相观对治　方便法门

人之际遇[①]，有齐有不齐[②]，而能使己独齐乎？己之情理[③]，有顺与不顺，而能使人皆顺乎？以此相观对治[④]，亦是一方便法门[⑤]。

注释

①际遇：就是机会境遇。②齐：相等、相平之意。③情理：此处作情绪解，也就是精神状态。④相观对治：相互对照修正。治，修正。⑤方便法门：佛家语。方便有权宜之意。此处指人生法则，指正确的通路。

译文

每个人的机会境遇各有不同，有顺心圆满的，也有不顺心圆满的，怎么能单独要求自己的境遇顺心圆满呢？自己的情绪有好有坏，有顺畅稳定的时候，也有焦虑烦躁的时候，怎么能要求别人事事都顺从自己的意愿呢？将别人同自己做比较，来检查反省自己，这才是修德养性的一个好的方法途径。

解读

“有缘千里来相会，无缘对面陌路人。”缘分到了，事情便成，缘分去了，一切皆空。人生在世，只因缘分的飘忽不定，决定了每个人不可能占尽福分。大凡有德之人，福分就少些；有福之人，修养就平些。生活总是不圆满的，处于一种残缺不全的状态。接受了这个事实，就可以避免苛求生活。作为一个人，不能因个人的“顺与不顺”“齐与不齐”而要求别人。要由别人的情绪机遇来反观自己，明白事理，提高修养。

拔去名根　融去客气

名根未拔者，纵轻千乘甘一瓢，总堕尘情；客气未融者，虽泽四海利万世，终为剩技。

译文

名利思想没有彻底拔除的人，即使能轻视富贵荣华而甘愿过清苦的生活，也总难免堕入名利世俗。各种欲望贪求不能克服的人，即使能恩泽四海惠及万代，也终究是一种多余的伎俩。

解读

一个人如果不是在根本上除去名利思想和外部干扰，那么这个人可一时装出鄙薄名利，广施恩德的样子，但最终会原形毕露，显现出他的真实本性。唐代的卢藏用本来功名心很强，但他却善于造作，隐居京师附近的终南山。当他由于清高之名很快获得朝廷的征用时，他竟毫不隐讳地指着终南山说:“此中大有佳趣。”

千里送鹅毛

唐朝时期，有位地方官得到一只天鹅，便派手下一个叫缅伯高的人赶赴京城，将天鹅进贡给皇帝。由于连日赶路，缅伯高和天鹅都很困乏。一日，他来到沔阳湖，看到碧波荡漾的湖水，就让天鹅在湖里洗洗澡。谁知天鹅见了水，使劲地扇着双翅。缅伯高一不小心松了手，让天鹅挣脱开去，天鹅展开美丽的翅膀飞到了空中。缅伯高追了一阵，什么也没捞到，只拾到了天鹅身上掉下来的一根雪白的羽毛。丢掉了天鹅，缅伯高只好硬着头皮来到京城，向皇帝献上一根鹅毛。皇帝和满朝文武都感到很奇怪。于是缅伯高讲述了事情的经过。皇帝听后，觉得其情可恕，诚心可嘉，就没有责备缅伯高。

心地光明　念勿暗昧

心体[1]光明，暗室[2]中有青天；念头暗昧[3]，白日下有厉鬼。

注释

①心体：指智慧和良心。②暗室：隐秘不为他人所见的地方。③暗昧：不光明叫昧。指阴险见不得人。

译文

一个光明磊落的人，即使立身在黑暗世界，也能看到万里晴空。一个欲念邪恶的人，即使生活在光天化日之下，也像被魔鬼缠身一般终日战战兢兢。

解读

古人讲求修身、齐家、治国、平天下，自天子至庶人，一律皆以修身为本。修身之始，全在正心诚意，即所谓"心正然后身修"。其之所以以正心诚意作为修身之始，实因在古人观念中，人与天地万物合二为一，人心正而天地之心亦正，故阴阳动静各止其所，而天地万物各得其位。所以，一个人心地光明磊落，时时事事问心无愧，如此则外物不侵，能够做到事无不吉，寡忧少过。反之，一个人其心若不自正，则必有异端之徒进其前而诱之。脑中常生邪恶之念，遇人遇事常起愧疚之心与疑虑之意，如此自然难以抵御外在的各种诱惑而迷失自我。

勿羡贵显　勿虑饥饿

人知名位[1]为乐，不知无名无位之乐为最真；人知饥寒为虑，不知不饥不寒之虑为更甚。

注释

①名位：泛指名誉和官位，也就是功名利禄。

译文

人们只知道，求得名誉和官职是人生一大乐事；却不知道，没有名声、没有官职的生活乐趣才是最真实的。人们只知道，饥饿寒冷是值得忧虑的事；却不知道，不饥不寒、生活富足所隐含的忧患才是最可怕的。

解读

儒佛道三教合流后，中国文化把烦心操劳、所欲不得视为人生痛苦。而除去此二偏执，就会静心舒体，安乐飘逸。在操作层面上，这种传统崇尚回到自然，寡欲去智，从官场的豪夺和生意的算计中摆脱出来；在功能层面上，这种传统形成了一种面向过去的生活态度，倾向审美，反对实用。千百年来的文人都在为人生无常浅咏低唱，感慨悲伤，安贫乐道是他们心目中完美的典范。

病未足羞 无病吾忧

泛驾之马[①]可就驰驱，跃冶之金[②]终归型范[③]；只一优游不振，便终身无个进步。白沙[④]云："为人多病未足羞，一生无病是吾忧。"真确论也。

注释

①泛驾之马：性情凶悍不易驯服驾驭的马。借以比喻不守常规的豪杰。②跃冶之金：当铸造器具熔化金属往模型里灌注时，金属熔液有时会突然溢出模型外面，这就是所谓的跃冶之金。比喻不守本分而自命不凡的人。③型范：铸造时用的模具。④白沙：明朝学者陈献章，广东新会人。

译文

性情凶悍的马可以被驯服，供人骑乘；溅出炉外的金属最终要被放入模具，铸成器物。人如果游手好闲，那么他一辈子都不会进步。所以白沙先生说："做人犯错误并没什么可耻，倒是一点儿过错都没有的人才最值得担忧。"这真是十分精确的论断啊。

解读

有才能的人多少都有些缺点过失，没有缺点过失的人，除了圣人，其余都可判断为庸人。缺点并不可怕，可怕的是经受不起痛苦的磨炼。只要不怕暴露缺点，在各种危逆的环境中挺过来，练就"风吹浪打浑不怕"的胆魄，就有可能成材。如果一生没有波澜，就如生在富贵温柔之乡的古代蜀人，会退化得手无缚鸡之力，终将被社会厌弃。

人生一世，难免犯错；但重要的是，从错误中吸取教训，吃一堑，长一智，走好将来的人生路。古人云："过而能改，善莫大焉。"是矣！

品质修养　切忌偏颇

气象[①]要高旷，而不可疏狂[②]；心思要缜密[③]，而不可琐屑[④]；趣味要冲淡，而不可偏枯；操守要严明，而不可激烈。

注释

①气象：气质、气度。②疏狂：狂放不羁的风貌。③缜密：细致周全。④琐屑：繁杂琐细。

译文

一个人的气度要高旷，却不可流于粗野狂放；心思要细致周全，却不可繁杂琐细；生活情趣要平淡，却不可过于枯燥单调；言行志节要光明磊落，却不可偏激刚烈。

解读

做人做事如果总是向好的方面追求，而不注意适度，看到好的一面却忽视随之而来的不足，那么，一不小心就会失之偏颇，得到相反的结果。《三国演义》中的蜀汉名将张飞英勇盖世，粗中有细，气度不凡而勇冠三军。但他粗野狂放，经常醉酒后鞭打属下和小吏，使手下人对他心生怨恨，后来趁他大醉后割下他的首级投奔敌营。由此看来，我们为人处世应学会审时度势，克服偏见，顺应自然。

舍己毋疑　施恩不报

舍己[1]毋处其疑，处其疑[2]即所舍之志多愧矣；施人毋责其报，责其报并所施之心俱非矣。

注释

①舍己：牺牲自己。②处其疑：犹豫不决之心。

译文

一个人在关键时刻需要自我牺牲，不要犹豫不决。如果产生了犹疑就有愧于自己舍己为人的志节。一个人施恩惠给他人，也不要指望得到他人的回报。如果指望得到他人的感恩回报，那么，自己最初帮助他人的一番好心也就会不真诚了。

解读

一个人要修得果敢侠义的品质。侠士为人处世，但讲义气肝胆。“言必信，行必果，己诺必诚，不爱其躯，赴汤蹈火，在所不惜”，讲求的是一个气节。“士可杀，志不可辱”，面对牺牲，毫不犹豫。因为侠士助人，心中早已忘我无我，尚勇豪放。同样，一个养就侠义之心的人，施人恩惠，也绝不存图报之心。

舍脚求生

从前，有个人设置了一架拴缚野兽蹄爪的器具，结果捉住了一只老虎。老虎暴跳如雷，挣断了一只脚掌跑掉了。老虎当时并不是不爱护自己的脚掌，而是它不能因为顾惜那一寸大小的脚掌而葬送它七尺的身躯，这是权宜之计啊！

恣意弄权　自取灭亡

生长富贵家中，嗜欲[①]如猛火，权势似烈炎，若不带些清冷气味，其火炎不至焚人，心将自烁矣。

注释

①嗜欲：多指放纵自己对酒色财气的嗜好。

译文

生长在豪富权贵之家的人，他的贪欲犹如烈火，权势犹如烈焰。假如不及早用些清冷的观念缓和一下强烈的欲望，那猛烈的欲火虽然不致伤害别人，也终将会焚毁自己。

解读

人的欲望是无止境的，有了财富还希望有权力，有了权力还希望满足其他想法。所谓“人心不足蛇吞象”即是如此。如果没有一个良好的道德水准，没有一定的理智，就容易胡作非为，任性胡来。区区一宦官安德海，嗜欲纳妾，专权弄势，落得一个“斩立决”的下场。更何况富贵人家子弟受各种欲望的诱惑、冲击，免不了稍不清醒，便会粉身碎骨。

文无奇巧　人宜本然

文章做到极处，无有他奇，只是恰好；人品做到极处，无有他异，只是本然。

◇译文◇

文章写到登峰造极的水平，与一般的文章相比，并没有什么奇特的地方，只不过是把自己的思想感情表达得恰到好处罢了。人的品德修养如果达到炉火纯青的境界，与平凡人相比，并没有什么奇异的地方，只不过是使自己回归纯真朴实的本性而已。

◇解读◇

做人办事贵在自然，不要伪装自己，装腔作势令人作呕，反而自然纯朴让人感到清新。自然有两类：一类天然，山川草木，江河落日，山野老叟，黄发垂髫，不尘不染，天然一段乐趣。另一类是回归，有诗云："我未入此门时，见山是山，见水是水；我初入此门时，见山不是山，见水不是水；及至今日，见山又是山，见水又是水，山河草木俱欢颜。"这是历练之后的回归，更觉自然之珍贵。

牧童拾金

从前，有个牧童，破衣烂衫，蓬头赤足，每天赶着牛羊到山冈郊野中去放牧，常常放开喉咙唱歌，他的思想自由自在，放牧的任务也完成得不错。有一天，牧童拾到了一铢钱，装在衣领中。从此以后，他的歌声逐渐消失了，牛羊也时常四面逃散不顺从他的驯养了。

忠恕待人　养德远害

不责人小过，不发[①]人阴私[②]，不念人旧恶[③]。三者可以养德，亦可以远害。

注释

①发：揭发。②阴私：也作“隐私”，是指个人私生活中的隐秘事。③旧恶：指他人以前的过失或旧仇。

译文

不要责难别人轻微的过错，不要随便揭发别人生活中的隐私，不要对别人的过去耿耿于怀，做到这三点，不但可以修养自己的品德，也可以避免遭受意外灾祸。

解读

荀子说：“君子贤而能容罢，知而能容愚，博而能容浅，粹而能容杂。”宽容不仅是一种博大深邃的胸怀，也是人类最崇高的美德之一，更是为人处世的一个基本准则。在日常生活中，与人为善，人家就会以善待你；与人为恶，人家就会以怨待你。若想与人好好相处，就要待人真诚，与人为善；若苛求于人，只能遭人怨恨，降低自己的人格。宽容别人，也就是宽容自己，让人一分，即是为己留条后路。因此，宽容不是软弱的代名词，而是有道德、有信心、有力量的表现。因而，人们赞美“宽容是在荆棘中生长出来的谷粒”。

有识有力　私魔无踪

胜私制欲之功，有曰识不早力不易者，有曰识得破忍不过者，盖识是一颗照魔的明珠[①]，力是一把斩魔的慧剑[②]，两不可少也。

注释

①明珠：价值昂贵的宝珠，引申为人或物的最贵重者。②慧剑：是用智慧比喻利剑，认为利剑能斩断烦恼与魔障。

译文

谈起战胜私情、克制物欲往往功亏一篑。有人说，是由于没有及时发现私欲的害处，而又没用坚定的意志去控制它；有人说，虽然能看清物欲的害处，却忍受不了物欲的吸引。所以，一个人的智慧是认识魔鬼的法宝，意志是一把消灭魔鬼的利剑，智慧和意志二者缺一不可。

解读

人的成功既要靠知识和智慧，也要靠坚韧不拔的毅力，智力因素和非智力因素都很重要。甚至有许多心理学家和教育学家认为，人的智力因素基本等同。因而事业上成败好坏，主要取决于非智力因素，比如学习上的勤奋，工作上忍受辛劳，修习上的不动心思。一个人如果没有意志支配自己，很容易受到情欲物欲的干扰，浅尝辄止，半途而废。一个人如果缺乏意志，先天再聪明，也成就不了大事业，做不成大学问。

量弘识高　功德日进

德随量进，量由识[①]长。故欲厚其德，不可不弘[②]其量[③]；欲弘其量，不可不大其识。

注释

①识：知识，经验。②弘：宽宏，扩大。③量：气量，气度。

译文

人的品德会随着气度的扩大而增进，气度会随着人生经验的丰富而更为宽宏。因此，要想深厚自己的品质，就不能不使自己的气度宽宏；要想宽宏自己的气度，就不能不增长自己的生活历练，丰富人生知识。

解读

“曾经沧海难为水，除却巫山不是云。”随着阅历的增加，人的眼光情趣就不会如初涉世事时那样漂浮不定，充满幼稚和惊奇，而是变得开阔、稳定，见怪不怪，“五岳归来不看山，黄山归来不看岳”。人的历练让人对世界了如指掌，触类旁通，充满自信。因而气度恢宏，游刃有余，品德也会随着气度的变化而变得扎实浑厚。

人心惟危　道心惟微

一灯萤然[①]，万籁无声，此吾人初入宴寂时也；晓梦初醒，群动未起，此吾人初出混沌处也。乘此一念回光，炯然返照，始知耳目口鼻皆桎梏，而情欲嗜好悉机械矣。

注释

①萤然：是形容灯光微弱得像萤火光的闪烁一般。

译文

在微弱的夜灯中，大地无声，万籁俱静，这是我们身心刚刚进入休息的时候。清晨夜梦过后才醒，万物还没有开始一天的活动，这是我们刚从朦胧的梦境中走出来。趁着这刚刚安息和刚刚睡醒的一刹那，好像有一线灵光闪烁在我们脑海，这时会突然使我们的内心有所醒悟，才知道耳目口鼻都是束缚我们心智的桎梏，情欲嗜好也全是堕落我们性灵的机械。

解读

心分真妄，真心寂然不动，便是人安静守道之时；若一念起，则波涛汹涌。宋明之时，儒佛道合流，对此类问题的看法更为接近。耳目口鼻是我们接触外在世界的感官，情欲嗜好是我们自心内在的波澜，两者最终指向一点：有所欲求。有了欲望利益就要争，就要算计。因此真心不保，性灵堕落。日间喧嚣，人忙于争斗算计，静夜反思，方幡然醒悟。

心体之念　天体所现

心体便是天体，一念之喜，景星庆云；一念之怒，震雷暴雨；一念之慈，和风甘露；一念之严，烈日秋霜。何者少得？只要随起随灭，廓然无碍，便与太虚同体。

译文

人的心体变化，跟大自然的变化是一致的。人在一念之间的喜悦，就如同自然界有景星庆云的祥瑞之气；人在一念之间的愤怒，就如同自然界有雷电风雨的暴戾之气；人在一念之间的慈悲，就如同自然界有和风甘霖的生生之气；人在一念之间的冷酷，就如同自然界有烈日秋霜的肃杀之气。人有喜怒哀乐的情绪，天有风霜雨露的变化，又有哪些能少得了呢？人的喜怒哀乐只要能像天空中的风云雷电那样，随起随灭，那么，人的心体就能清净明亮，没有障碍，就能与宽广无边的天地相通了。

解读

这段话杂糅下述思想：一是《易经》思想，天行矫健，纷繁的变化对它毫无影响；二是天人合一说，源于春秋时期的阴阳杂家，成于两汉，以董仲舒为代表；三是宋明理学，视太虚为心体，把人在世上的修养与天地变化联系在一起，使儒家进一步体系化，开始弥补早期儒家对本体论的忽视；四是道和人法自然论；五是佛教思想，认为世界是因缘和合的现象，随起随灭，本体无碍。

中国古代传统向来讲究修身，以为一切皆为我而在，与我息息相关。只有真正认清了人与世界这种共荣共生的关系，才能达到“天地与我并生，万物与我为一”的人生境界。

浑然和气　居身珍宝

标节义者，必以节义受谤；榜道学[①]者，常因道学招尤。故君子不近恶事，亦不立善名，只浑然和气[②]，才是居身之珍。

注释

①道学：宋儒治学以义理为主，因此就把他们研究的学问叫理学，这种理学也就是“道学”。此处的道学泛指学问道德。②浑然和气：纯朴敦厚，儒雅温和。

译文

标榜节义的人，必然因为节义而受到批评诋毁；标榜道学的人，经常因为道学而招致怨恨。因此，君子平日既不接近坏人坏事，也不标新立异建立声誉，只保持一股儒雅温和的气度，这才是立身处世的无价之宝。

解读

浑然和气之说，显然不是儒家正统，而是杂糅了道佛思想。以节义道学受谤、招尤倒确有其事。清末倭仁，冥顽不化坚持理学，反对洋务。竟言中国土法即可搞天文历法监测，遭恭亲王参奏，令他着手在全国搜罗这方面人才即日工作。老头子也很识趣，知道自己的话不过是这么一说，不可兑现。即在廷前请求撤去奏折。洋务派不依不饶，上折请求调动他到总理衙门。老头子大惧，坚辞不就。总理衙门却每日派人来询问他何日到任。老头子情急之下，跌马自伤，方免去一番羞辱。

疾病易医　魔障难除

纵欲之病可医，而势理之病难医；事物之障可除，而义理之障难除。

译 文

放纵情欲的毛病可以得到医治，而固执己见的毛病却很难医治。人心中由外界事物所造成的障碍可以克服，但思想品德形成的习惯障碍却难以排除。

解 读

明代的理学家王阳明有句名言："破山中贼易，破心中贼难。"一个人如果自以为是，以为自己一贯正确，就不会承认自己有错，当然更不会有意识地改正自己的错误，这种人必然会永远错下去也不知悔改。所以人们说"知过能改，善莫大焉"。而孔子则劝世人"过则勿惮改"。人在工作生活中难免会犯错误，关键是敢于承认错误，善于吸取教训才会不断进步。如果固执己见，积习日久，就形成个人的一种脾性，那时想改也很难改了，正所谓"江山易改，禀性难移"，所以一定要知错就改。

一杯酒

张翰，晋代吴郡吴县人，为人清高放任，不拘名节。他身处晋代八王之乱时期，虽然在齐王属下任职，有官有禄，但是对时势心灰意冷，毅然弃官不做，回到家乡居住。张翰性情旷达，放任自适，不想苛求当世，谋取高官显爵。有人对他说："您放任自适，可寻求一时的痛快，但是不考虑身后的名声吗？"张翰回答说："让我死后有名声，还不如眼下喝上一杯酒。"当时的人都很看重他豁达不拘的品格。

行戒高绝　性忌褊急

山之高峻处无木，而溪谷回环则草木丛生；水之湍急处无鱼，而渊潭停蓄[①]则鱼鳖聚集。此高绝之行，褊急之衷[②]，君子重有戒焉。

注释

①渊潭停蓄：渊潭是深潭；停蓄指水平静不流动。②褊（biǎn）急之衷：指狭隘到极端的心理。

译文

高耸云霄的山峰地带不长树木，只有溪谷环绕的地方才有各种花草树木生长；水流特别湍急的地方没有鱼虾栖息，只有在水深而且宁静的湖泊中鱼鳖才能大量繁殖。这是地势过于高绝、水流过于湍急的缘故，这样的地方是不能容纳万物生命。君子处世待人必须以此为戒啊！

解读

一个人如果能以中正平和的心态处世，就有希望事业进步，家业兴旺。如果自命清高，孤芳自赏，就会不见容于社会。而没有良好的社会关系，就很难施展才华，发展事业。一个社会也是这样，社会的主导心态如果是宽厚敦睦的，就有可能国泰民安，社会发达；如果激进褊狭，急功近利就不会有稳定的气氛来支持建设。所以，要想发展，就必须形成溪谷回环，渊潭停蓄之势。应以褊狭为耻，以实效为荣。

不忧患难　不畏权豪

君子处患难而不忧，当宴游而惕虑[①]；遇权豪而不惧，对茕独[②]而惊心。

注释

①惕虑：惕是忧惧，虑是谋思。惕虑，警惕忧虑。②茕独：茕指没有兄弟，独是没有子孙。茕独，孤苦伶仃的意思。

译文

君子虽然生活在恶劣环境中但不忧心忡忡，处于安乐悠游时却能保持警惕；遇到豪强权贵也绝不畏惧，对待孤苦无依的人却具有同情心。

解读

修养深、品德高的人有较强烈的意志力，不为外物所扰从而坚持品性。晚清名将彭玉麟是这段戒语的绝好注释。彭玉麟平日一袭老农打扮，安居乡里。钦命巡察长江沿岸水师时，他坚决谢绝地方官宴请。地方官知道他的性情，并不勉强，他一人一舟一童，顺江而下。船到岳阳时遇黄翼升，衣锦华冠，严斥。至浙江地面，一小小军营把总横行乡里，残害百姓。彭玉麟至杭州，请来钦命斩刀，将把总斩立决，然后悄然到西湖畔寻老友去了。想来真如传奇，不似真事。

品味菜根

忧乐喜怒，人所未尝无也；多忧伤神，多思伤志，过乐伤守，喜极气散，怒极气而不下。

——宋祁《杂说》

静中真境　淡中本然

风恬浪静①中，见人生之真境；味淡声稀②处，识心体③之本然。

注释

①风恬浪静：比喻生活的平静无波。②味淡声稀：味，食物。声，声色。比喻自甘淡泊不沉迷于美食声色中。③心体：指心的深处，也就是人性的本质。

译文

一个人在宁静平淡的环境中，才能发现人生的真正境界；一个人在粗茶淡饭的清贫生活中，才能体会人性的真实面目。

解读

恬以养志。一个人如果在物欲情欲的大海中穿梭往返，为自己的所欲不得而茶饭不思，日夜萦心，自然难见真心本性，这时就是让他静一静心也是十分困难的。所以一个明心见性的人，眼前之清净世界，实在不是一朝一夕所能获得的。不知要经过多少的修习，面对多少的考验，顺利通过多少次的选择，才能百炼成钢，磨成坚强的意志。所谓“放下屠刀，立地成佛”，实在是人被逼上极端后的幡然悔悟。

消些幻业　增长道心

色欲火炽，而一念及病时，便兴似寒灰；名利饴甘，而一想到死地，便味如嚼蜡。故人常忧死虑病，亦可消幻业[①]而长道心[②]。

注释

①幻业：佛教术语，是梵语“羯魔”的意译，本指造作的意思。凡造作的行为，不论善恶皆称业。但是一般都以恶因为业。②道心：指发于义理之心。

译文

色欲像烈火一样燃烧起来时，只要想一想生病的痛苦，烈火就会变成一堆冷灰。功名利禄像蜂蜜一般甘美时，只要想一想死亡的情景，名位财富就会像嚼蜡一般毫无滋味。所以，一个人要经常思虑疾病和死亡，这样就可以消除一些罪恶，增长一些进德修业之心。

解读

医家说：“毒入于心则昏迷，入于肝则痉厥，入于脾则腹疼胀，入于肺则喘嗽，入于肾，则目暗、手足冷，入于腑，亦皆各有变端。”世俗中人饮宴无度，则肝脾不适，纵欲无度，则肺肾不适，至若为争名夺利，急火攻心，则几近要人性命了。孔子说：“君子有三戒：少之时，血气未定，戒之在色；及其壮也，血气方刚，戒之在斗；及其老也，血气既衰，戒之在得。”戒色可保寿，戒斗可免祸，戒得可全名。

出世涉世　了心尽心

出世之道，即在涉世中，不必绝人以逃世；了心之功，即在尽心内，不必绝欲以灰心。

译文

超脱凡尘俗世的方法，就在人世间的生活中，根本不必离群索居与世隔绝。要想完全明白修习心性的道理，应在贡献智慧的时候去领悟，根本不必断绝一切欲望，使心境犹如死灰一般寂然不动。

解读

在春秋战国时期，各诸侯国之间经常发生战争。有些人对社会不满，但又无力改变，于是选择隐居，超脱尘世。而在现代社会中，传统的那种隐居方式已不适应。要想超脱尘世，只能在人世间经历磨炼，根本不必与世隔绝。追求形式本身未必不是在沽名钓誉，更何况并不是穿上袈裟就能成佛，披上道袍就能成道。只有在人世间断绝一切私欲，不断地磨炼自己，才能为社会做出贡献。

恐你落凡圣

唐末五代时期，明州翠岩令参永明禅师到法堂上说："一个夏天与兄弟们东语西话，看看翠岩的眉毛还在吗？"后来保福从展禅师说："做贼人心虚。"翠岩禅师说："为众竭力，祸出私门。"有一僧问："还丹一粒，点铁成金。至理一言，转凡成圣。学人上来，请师一点。"翠岩禅师说："不点"。僧问："为什么？"翠岩禅师说："恐怕你落入凡圣之中。"这僧又说："求师指出至极之理。"翠岩禅师说："侍者送茶来了。"转凡成圣还不是禅，禅要求的是不在凡圣中。

云中世界　静里乾坤

竹篱下，忽闻犬吠鸡鸣，恍似云中世界[①]；芸窗[②]中，雅听蝉吟鸦噪，方知静里乾坤。

注释

①云中世界：形容自由自在的快乐世界。②芸窗：芸是古人藏书避虫常用的一种香草，故借芸窗以称书房。

译文

当你在竹篱笆外正欣赏美景的时候，忽然听到从山乡传来一阵鸡鸣狗叫，就宛如置身于一个虚无缥缈的快乐神话世界之中。当你在书房里正安静读书的时候，忽然听到屋外蝉鸣鸦啼，你便能体会到宁静中别有一番超凡脱俗的雅趣。

解读

这段话表现了文人雅士们超凡脱俗的生活境界。换个角度来看，这又是一番写禅悟道的功夫。“犬吠鸡鸣”惊醒了斋中主人，使人从“无我”状态进入“有我”状态，而蝉吟鸦噪影响不了入定修习之人，这是从“有我”又回到“无我”。人的精神状态就在这恍若隔世恍若在世的情势中飘游，修定的人也就在这往返飘游的过程中交叉体认自我。在这反复之中，修习之人的见性功夫便逐渐积累增强。

象由心生　象随心灭

机动[1]的，弓影疑为蛇蝎[2]，寝石视为伏虎[3]，此中浑[4]是杀气；念息[5]的，石虎[6]可作海鸥，蛙声可当鼓吹，触处俱见真机。

注释

①机动：工于心计，狡诈多虑。②弓影疑为蛇蝎：由于心有所猜疑而迷乱了神经，误把杯中映出的弓影当作蛇蝎。③寝石视为伏虎：寝石，卧石。《韩诗外传》："昔者楚之熊渠子，夜行见寝石，以为伏虎，弯弓射之，没矢饮羽之下。"④浑：都，全部。⑤念息：心中没有非分的欲望。⑥石虎：十六国时期后赵高祖石勒的侄子，生性凶暴。

译文

工于心计的人，容易产生猜忌，会把杯中的弓影误当作蛇蝎，甚至远远看见石头都会当成是卧虎。在这些人的念头中到处都充满了杀气。心平气和的人，即使遇见像石虎一样凶残的人，也能把他感化得像海鸥一般温顺，甚至把聒噪的蛙声当作悦耳的乐曲。凡是他们所到之处都充满了祥和之气，体现出人生的真谛。

解读

有人请客吃饭，挂在墙上的弓映在酒杯里，客人以为酒杯里有蛇，回去疑心中了蛇毒，就生病了。像这样疑神疑鬼、妄自惊慌之人，很难对世界产生信任感和安全感。而满怀仁爱之心的人，即便是遇到坚冰也会融化、顽石也会迸开、大海也会让道。人生在世，不可心机太重，而要豁达开朗，坦荡待业。你要知晓，世界并不总是以你所认为的方式存在着，身心平和，世界自会祥和。

梦幻空华　真如之月

发落齿疏，任幻形[①]之凋谢；鸟吟花开，识自性之真如[②]。

注释

①幻形：佛教认为人的躯体是地、水、火、风假合而成，无实如幻，所以叫幻形或幻身。②真如：指永恒不变的真理。

译文

人老了，头发掉落、牙齿稀疏是生理上的自然现象，大可任其自然退化而不必悲伤。从小鸟歌唱、鲜花盛开中，可以领悟人类本性永恒不变的真理。

解读

生老病死是人生的自然规律，小鸟要歌唱，花儿要开放，人也要从新生走向衰老直至死亡。但是，一个人真正衰老，并非单纯生理上的衰老，心理上的衰老最为严重。所以庄子才说“哀莫大于心死。”伍子胥一夜愁白了头，心急如焚，是因为感到没有出路。癌症病人一旦知道病情的真实情况，便会加速死亡。此皆心死也。相反，人若如曹操所说的那种“神龟虽寿，犹有竟时”“烈士暮年，壮心不已”的话，就可青春常在，即便人至晚年，也可“夕阳无限好”。

烦恼由我　嗜好自心

世人只缘认得我字太真，故多种种嗜好，种种烦恼[1]。前人云："不复知有我，安知物为贵？"又云："知身不是我，烦恼更何侵？"真破的[2]之言也。

注释

①烦恼：烦闷苦恼。②破的：本指箭中目标，比喻说话恰当。

译文

只因世人把自我看得太重，所以才会产生和种嗜好、种种烦恼。古人说："假如已经不再知道有我的存在，又如何能知道物的可贵呢？"又说："假如能明白连身体也在幻化中，一切都不是我所能掌握所能拥有的，那世间还有什么烦恼能侵害我呢？"这话真是至理名言啊！

解读

世人都把自己看得太重，所以，自己在物欲情欲方面能否得到满足，被认为是世上最重要的事情。你看，人一见面，淡得最多的就是自己，自豪、自夸、自卑、自怜。一讲起来，如果是好事，就似乎天上天下，唯我独尊，世界之所以美好是"只因有了我"；如果是坏事，就似乎只有我一人肚里的苦水最多，委屈最大。为了名誉、地位、权力、财富、爱人，人能上刀山，下火海。不难想象，"所欲不得"该是多么痛苦。

世态变化　万事达观

人情世态，倏忽[①]万端，不宜认得太真。尧夫云："昔日所云我，而今却是伊，不知今日我，又属后来谁？"人常作如是观，便可解却胸中罥[②]矣。

注释

①倏忽：极微不足道的时间。②罥（juàn）：结，牵挂，牵系。

译文

人情冷暖世态炎凉，错综复杂瞬息万变，所以对任何事都不要太过较真。宋儒邵雍说："以前所说的我，如今却变成了他；不知道今天的我，到头来又会变成谁？"假如一个人能经常抱着这种看法反省自己，就可以解除心中的一切牵挂烦恼了。

解读

"世态有冷暖，人面逐高低"。世事无常，人情冷暖。从古至今，嫌贫爱富的故事太多，趋炎附势的例子无数，所以崔护才有"去年今日此门中，人面桃花相映红；人面不知何处去，桃花依旧笑春风"之叹。其实，"豪门有利人急去，陋巷无权客不来"是人的正常心态。关键是我们自己在得意之时，不为人的吹捧所动；失意之时，不为人的势利所动。保持一颗定心，不对人抱太大希望，方可不至于失望。

流水落花　身心常静

古德云："竹影扫阶尘不动，月轮穿沼水无痕[①]。"吾儒云："水流任急境常静，花落虽频意自闲[②]。"人常持此意，以应事接物，身心何等自在。

注释

①竹影扫阶尘不动，月轮穿沼水无痕：这是唐雪峰和尚的上堂语。竹影月影均为幻觉，世间一切事物与天上明月才是实体，比喻心智。②水流任急境常静，花落虽频意自闲：水流和花落都是动的物体，而静与闲是修养工夫。人的心智能到宁静的境界，就不会受外界动静的影响而改变。

译文

古人说："竹影虽然在台阶上掠过，可是地上的尘土并不因此而飞动；月亮的圆轮穿过池水映在水中，却没在水面上留下痕迹。"今人说："不论水流如何湍急，只要能保持宁静的心情，就不会被水流声所惑；花瓣纷纷谢落，只要我的心经常保持悠闲，就不会受到落花的干扰。"一个人假如能抱着这种处世态度来待人接物，不论是身体还是精神该有多么自由自在啊！

解读

在古人看来，情欲物欲到头来同样是一场空。故心境宜静，意念宜悠，心地常空，不为欲动，让身外之物自然而去，才能保持身心的自然愉快。这段话里的比喻源自佛教禅宗，认为自心是本体，因外在影响方有可能引起心境变化。所以只要守住真常本心，视外在影响如客，任其来去，不为所动即可心静。

心地平静　青山绿水

心地上无风涛，随在皆青山绿水；性天[1]中有化育[2]，触处见鱼跃鸢飞[3]。

注释

①性天：本性、天性。②化育：本指自然界生成万物，此处指先天善良的德行。③鱼跃鸢飞：鱼跃鸢飞比喻自由自在的乐趣。

译文

心中没有狂风波浪，随处都是一片青山绿水。本性中有化育万物的仁慈之心，到处所见像鱼游水中、鸟飞空中那样自由自在的景象。

解读

庄子看到鱼在水中游，很羡慕地说，“乐哉鱼也”。鸟跟鱼能逍遥自在，是因为它们除了生理上的欲望要求外，不像人类有那么多的情欲物欲。人生在世不只是为了活着，仅仅为了生存而来到人世就太可悲了，所以道家的废智化肢是不提倡的。人要消除烦恼，唯一的办法就是在欲望上贪求少一些，学会知足。但知足总是有限度的，尤其在当代，人固然不能过于沉溺于物欲中，但也不能像古人那样摒弃物质追求，陷入空谈说理之中。相反，只有在艰辛的劳动之后，青山绿水、鱼跃鸢飞才能显得更美，这是那些不事稼穑的清议之士鲜能理解的。

人生之快乐，不在于得到的多，而在于计较得少。红尘中的凡夫俗子，正道清心才是幸福的真谛。人生路上，慢慢走，细细欣赏啊！

处世忘世 超物乐天

鱼得水逝[1]而相忘乎水，鸟乘风飞而不知有风，识此可以超物累，可以乐天机。

注释

①逝：行、游。

译文

鱼有水才能优哉游哉地游动，但是它们却忘记自己置身于水中。鸟借助风力才能自由自在翱翔，但是它们却不知道自己置身于风中。人们如果能懂得这个道理，就可以超然置身于物欲的诱惑之外，获得人生的乐趣。

解读

滑雪、滑板、赛马，都是惊险刺激的运动。在风驰电掣的滑行中，人所借助的器械已经和人融为一体，配合得天衣无缝。进行这些运动的人知道，在他们眼中，只有前方，只有速度，只有技巧，只有疾飞中变得更为美丽多彩的世界。但不会想到所用的器械自身。人对外物的假借，在经历了长期训练之后，就达到了相忘超然的境地，化为自身下意识的行为。这就是技巧，这就是欢乐，运动员为此欣喜若狂。

彻见真性　自达圣境

羁锁[①]于物欲，觉吾生之可哀；夷犹[②]于性真，觉吾生之可乐。知其可哀，则尘情立破；如果可乐，则圣境自臻[③]。

注释

①羁锁：束缚。②夷犹：留恋。③臻（zhēn）：到达。

译文

终日被物欲束缚的人，总觉得自己的生命悲哀；留恋于本性纯真的人，会发觉自己的生命非常快乐。明白了受物欲困扰的悲哀之后，世俗的情怀可立刻消除；明白了纯真本性的欢乐，崇高的境界会自然到来。

解读

终日被物欲侵扰的人，最大的苦恼就是“所欲不得”。此等人执着计较心重，自然不会感到自己的生命是快乐的。即使他已经有了相当的财富、地位、名誉，他仍会感到自己的欲望未能得到满足。反之，人如果能意识到这一点，把欲心妄心当即放下了，就会发现生命原来还有其可贵的一面，圣贤崇高境界原来是这么美。

品味菜根

颜渊问仁。子曰：“克己复礼为仁。一日克己复礼，天下归仁焉。为仁由己，而由人乎哉？”颜渊曰：“请问其目。”子曰：“非礼勿视，非礼勿听，非礼勿言，非礼勿动。”颜渊曰：“回虽不敏，请事斯语矣。”

——《论语·颜渊》

欲望尊卑　贪争无二

烈士[①]让千乘，贪夫争一文，人品星渊[②]也，而好名不殊好利；天子营家国，乞人号饔飧[③]，分位霄壤[④]也，而焦[⑤]思何异焦声。

注释

①烈士：重视道义节操的人。②星渊：星星高挂在天空。渊是深潭。形容差别极大。③饔飧（yōng sūn）：饔，早餐。飧，晚餐。泛指食物。④霄壤：霄，天。壤，地。比喻相差极远。⑤焦：苦。

译文

一个看重道义节操的人，能把千乘大国拱手让人；一个贪得无厌的人，连一文钱也要争抢不休。他们的人品真是有天壤之别。但是，看重道义的人追求名誉与贪得无厌的人追求利益是没有什么不同的。当皇帝治理的是国家，当乞丐为的是讨一日三餐，他们的身份与地位也确实有天壤之别。但是，当皇帝的苦思冥想和当乞丐的哀声乞讨，其痛苦情形又有什么不同呢！

解读

“好名不殊好利，焦思何异焦声”，人各有甭苦，古人的讽诮未免偏激。追求者有追求者的失落，富贵者有富贵者的难处，安贫者有安贫者的苦恼。每个人位子不同，所面临的矛盾不一样，但忙碌却是一样的。有位作家想得很开：“你的生存需要安静，小商小贩们的生存就只有依靠高声喊叫，如对面那家人常请客喝洒，邀众打牌，说不定正是一种生存手段。”想开了，就能正视烦恼了。

人我一视　动静两忘

喜寂厌喧者，往往避人以求静，不知意在无人，便成我相[①]。心着于静，便是动根[②]，如何到得人我一视[③]、动静两忘的境界？

◇注释◇

①我相：佛教四相之一，意为执着于一己的意思。②动根：动乱之根。③人我一视：我和别人属于一体。

◇译文◇

喜欢清静讨厌喧嚣的人，往往只知道离群索居求取安宁，却不知道远离人群只是为了自我。内心执着于寂静，反而成为躁动的根源。这样又怎能达到人我皆空、动静两忘的境界呢？

◇解读◇

一些清修的人喜欢远离尘嚣隐居山林，以求得宁静。其实，这样的环境虽然宁静了，假如不能忘却世俗事物，内心仍然是一片烦乱。更何况，既然使自己和人群隔离，就表示你内心还存有人己、物我、动静的观念，自然也就无法获得真正的宁静。人只有物我两忘了，才能真正出神入化。而物我两忘的状态，恰恰是任何环境都可的状态。如果为求心静而要有个分别讲究，则功夫只在初段，未达至境。

祸福苦乐　一念之差

人生福境祸区，皆念想造成，故释氏云：“利欲炽然即是火坑[1]，贪爱[2]沉溺便为苦海；一念清净烈焰成池[3]，一念[4]惊觉船登彼岸[5]。”念头稍异，境界顿殊，可不慎哉。

注释

①火坑：极苦的境界。②贪爱：指贪着爱恋五欲之境而不能离舍。③烈焰成池：烈焰和火坑的意思相同。④一念：佛教认为思念对境一次叫一念。⑤彼岸：修成正果的意思。

译文

人生的幸福与苦恼都是由自己的观念所造成的。所以，释迦牟尼佛说：“名利欲望太强烈就等于跳入火坑；贪婪之心太强烈就会沉入苦海。只要有一丝纯洁观念，就会使火坑变成水池；只要有一点儿警觉精神，就能登上渡船，到达快乐的彼岸。”可见意识观念稍有差异，人生的境界就会完全改变。所以，一个人的所思所想必须要慎重啊！

解读

佛教说“万法唯识”“境由心造”，人一旦起了利欲之念，心马上就会变成火一般炽烈的贪婪，这时你的人生幸福也就坠入痛苦的地狱之中。心能清净，即使已经出现炽烈欲火，也能把它化为清凉水池。佛教把人生痛苦归入“所欲不得”，而要解脱　只在一念。这从现实层面来看，也的确有道理，不过世上矛盾的事太多，没有所欲不得之苦，人又会有事实上的物质不发达之苦。怎么办呢？佛家劝你净心。要想获得快乐，从改变自己的观念做起。祸福苦乐，一念之差！

机息心清　月到风来

机息[①]时便有月到风来，不必苦海人世；心远[②]处自无车尘马迹，何须痼癖[③]丘山。

注释

①机息：机，心机。息，停止。②心远：指思想超越尘世。③痼癖（gù pǐ）丘山：痼癖，形容特殊的喜好。丘，小山。痼癖丘山是指对山林有特殊的爱好。

译文

心中停止一切阴谋诡计之后，便会有明月清风到来，不必再为人间的烦恼而痛苦。思想远远超脱世俗之后，自然不会听到外面的车马喧嚣之声，何必再眷恋山野林泉的隐居生活。

解读

俗话说："无官一身轻。"狄仁杰整日为司法案件奔忙操劳，突然间被女皇武则天罢了官，回到家中，顿感心朗气爽，空气更甜，睡觉更香。当然，这种感觉只有置个人得失于外的大政治家才会享有，否则只能眼前漆黑，怅然若失。为世俗算计得太多了，突然有了解脱，真是生命再生啊！一个人如果能修养到"大权旁落而不恚，荣华丢尽更自怡"的境界，他的内心就一定有超凡脱俗的追求。这种人即便身着衮服，又怎能掩盖他的人生境界呢？

万钟一发　存乎一心

心旷则万钟[①]如瓦[②]缶，心隘则一发似车轮。

注释

①万钟：钟，古量器名。万钟，形容极丰的俸禄。②瓦：古代用来装酒的陶器。形容没有价值的物品。

译文

心胸豁达的人，即使俸禄优厚也会看成像瓦罐那样不值什么；心胸狭隘的人，即使细如发丝一样小的利益也会看成像车轮那么大。

解读

被人夺爱可谓世间最痛苦的事，然而却有人甘愿牺牲自己所爱，以图更大功业。历史上有很多赠妾献美的故事，做这些事的人心中不知有多痛苦，却因民族、个人的事业而决然行事，心胸可谓大矣。至若心隘爱财像葛朗台那样的人，在现代生活中仍比比皆是。有一商人打电话给一位老同学订购海外旅游机票，一番讨价还价后，商人很不情愿地订下了。但到出发前几天，老同学仍不见这个商人来付款，电话催问时，有人告诉他，这商人已经乘坐另一家航空公司的飞机走了。那一家的票价比老同学这里的票价低五美分，读来令人哭笑不得。

以势利的眼光来透视这个世界，则一切为利益所主宰，人的心胸亦随之变得狭隘；当我们抛开世俗，终会发现更有价值的存在。而这才是快乐的源泉。

以我转物　物勿役我

无风月花柳不成造化，无情欲嗜好不成心体。只以我转物①，不以物役我②，则嗜欲莫非天机③，尘情即是理境矣。

◇注释◇

①以我转物：以自我为中心，将一切外物自由自在地运用。②以物役我：以物为中心，而人为物所驱使。③天机：天然的玄机。

◇译文◇

天地间如果没有清风明月和花草树木就不成为大自然，人如果没有感情欲望和生活嗜好就不会有充满活力的心灵与肉体。所以，我们要以我为中心来操纵万物，不可以物为中心来奴役自己。如此，一切嗜好欲望都会成为天然的玄机，而世俗情欲也都变为顺理成章的理想境界。

◇解读◇

唯识学的观点就是“天上天下，唯我独尊”。以物役我者，处处被动，对外界的一切显得陌生，力不从心，因而成了世界外物的客人，一切听人安置；以我转物者，反客为主，把世间当客人招待，把世界的规律摸透，调度起来从容不迫，游刃有余。世上学业精通之人，以一理贯而典籍通；技术精湛之人，以一心贯而动作轻盈。大凡笨手笨脚，必是修业不精。

品味菜根

己情不可纵，当用逆之法制之，其道在一忍字。人情不可拂，当用顺之法制之，其道在一恕字。

——陈继儒《小窗幽记》

就身了身　以物付物

就一身了[①]一身者，方能以万物付[②]万物；还天下于天下者，方能出世间于世间。

注释

①了：明白、觉悟。②付：赋予、托付。

译文

能跳出自我来解脱自我的人，才可根据自然法则，使万物按照本性而各尽其用。能把天下还给天下万民的人，躯体虽然生存于世，思想却已超越了凡人。

解读

就身了身，以物付物，这个道理就是跳出自我，超越地思考，让万物如其所是地发展。在现实中考虑，就是要我们入于世而出于世。入世以体情，出世以洞明。入世人深感水深火热，出世人深知一切唯在一念。解决问题的办法还在于身处水深火热中的人自身。入世地去救赎，只是尽力而为，但不可能越俎代庖，“解铃还须系铃人”。世上的人要自求多福。就连“自求多福”这个道理本身，我们如若不能出入其中，也是无法体悟的。

品味菜根

偏生迷，迷生执。执而为我，不复知有人。

——张廷玉《明史·邹元标传》

处处真境　物物真机

人心多从动处失真。若一念不生，澄然[①]静坐，云兴而悠然[②]共逝，雨滴而冷然俱清，鸟啼而欣然有会，花落而潇然[③]自得。何地无真境，何物无真机[④]？

注释

①澄然：清澈，也就是心无杂念。②悠然：闲静自得。③潇然：豁达开朗，无拘无束。④真机：指接触真理的妙机。

译文

人的心灵多半是从浮动处失去了纯真本性。假如任何杂念都不产生，只是自己静坐凝思，看到天空云气升腾，心中的一切念头都会如同天际白云一样消失；见到雨水滴落，心灵就如同滴落的雨水一样清凉澄澈；听到鸟语呢喃，心里有一种喜悦的意念；看到花朵飘落，心情就会变得豁达开朗。如果这样，什么地方都没有真正的妙境，什么东西都没有接触真理的妙机？

解读

人心浮动，烦恼即生。如果人若赤子，根本无天地人我之辨，苹果放到手里则吃，丢到地上则随它，连看都不看一眼，那么人的欢乐忧愁不过是大自然的悠然冷清，人的悲欢离合不过是天上月亮的阴晴圆缺，“帝力之我何干兮？”世间有异，即在念起分别之时，有了你我之辨，有了美丑之分，有了爱憎之别，世上便远离了真境，丢失了真机。

风迹月影　过而不留

耳根[①]似飙谷[②]投音，过而不留，则是非具谢；心境如月池浸色[③]，空而不著，则物我[④]两忘。

注释

①耳根：佛教上以眼、耳、鼻、舌、身、意为六根。耳根为六根之一。②飙（biāo）谷：飙，是自下急上的风暴。飙谷是大风吹过山谷。③月池浸色：月亮在水中的倒影所映出的月色。④物我：外物和自我。

译文

耳朵听见了声音，要像大风吹过山谷一般，经一阵呼啸之后什么也不留，这样所有的对或错就都不起作用了。心对外物，要像月光照映池水那样，月光未被水毁，水也未被月光穿破，这样就能进入一片空明，没有物我之分的境界。

解读

六根清净，四大皆空，是佛教晓谕世人的解脱之道。物我之别，既是人类文明的发端，也是人类痛苦的渊薮。有别便分了主客，不是人想以主人身份驾驭自然，便是自然以其丰足的内涵主宰了人类。在主与奴的关系中，永远没有平等可言，一方的欢乐总以另一方的痛苦为代价。自古以来，为消除这种痛苦，人类进行了许多尝试，提出了许多方法：如佛道两家，便归诸物我两忘；现代欧陆哲学，也同样以如此之论反思两千多年占统治地位的希腊传统。

读心中文　听本真曲

人心有部真文章，都被残篇断简[①]封锢了；有部真鼓吹[②]，都被妖歌艳舞湮没了。学者须扫除外物，直觅本来，才有个真受用[③]。

注释

①残篇断简：篇，文章。简，竹简。残篇断简指古代遗留下来残缺不全的书籍。此处指物欲杂念。②鼓吹：古代用鼓、钲、箫、笳等合奏的乐曲，泛指音乐。③真受用：真正的好处。

译文

人们心中有一部真正的文章，都被内容不健全的杂乱文章给封闭了；有一部真正的乐曲，都被一些妖歌艳舞给迷惑了。一个有学问的人，必须排除一切外来之物，直接寻求根本，才能真正受益。

解读

中国心学的传统，源远流长，孟子为其肇始。孟子说“吾善养吾浩然之气也”，认为自心是本，本固则末端。陆王心学承其衣钵，认为“心外无物”“世界即是吾心，吾心即是世界。”因而学问之根本就在自己心中，治学要治本，首先要养心，直接引用自己的智慧本性。而离心格物，就显得支离破碎，不能见道，不是究竟。

闲适篇

心虚明理　心实却欲

心不可不虚[1]，虚则义理来居；心不可不实，实则物欲不入。

注释

①虚：谦虚，不自满。

译文

人不能不谦虚，只有谦虚才能容纳真正的学问和真理；人心不可以不充实，只有心灵充实的人才能抵抗外来物欲的侵入。

解读

学问上要谦虚，要有“虚怀若谷”的气度，这样才能察微观细，受教于人，不断长进。历史上的大学问家无不谦虚谨慎，视学问如贵宾，小心侍奉，方得登堂入室，出神入化。生活上要实在，要有坚定的意志和原则。只有意志坚定，明心见性之人，才能像颜回那样，不受物欲的干扰，求其道而自得其乐。

恶贵美贱

春秋时期，阳朱到宋国去，住在一家客店里。客店的主人有两个妾，其中一个长得很漂亮，另一个却长得很丑陋。客店主人喜爱那个丑陋的，却不喜欢那个漂亮的。阳朱问他什么缘故。客店的主人回答说：“那个漂亮的自恃长得漂亮，但我不觉得她漂亮呀；那个长得丑陋的自谦长得丑陋，而我不觉得她长得丑陋呀！”阳朱说：“学生们要记住！做了好事而克服自我吹嘘的人，到哪里去能不为人所看重呢！”

道德学问　随事警惕

道①是一重公众物事②，当随人而接引③；学是一个寻常家饭，当随事而警惕。

注释

①道：道理，含有通往真理之路的双重之义。②公众物事：指社会大众的事。③接引：佛家语，本指引渡众生，此处当迎接或引导解。

译文

人生的道理是社会大众的事，所以应该顺着人性去引导；做学问就像每个人吃家常饭那样普遍，因而应该随着事物的变化留心观察和提高警觉。

解读

唐僧在三个弟子的护送下，历经千难万险到了西天，见到了释迦牟尼佛，佛令守门人给他们捧来上上真经。不料想孙悟空见而大怒，到佛前告状，说守门人欺负他们，给了他们无字的白板。佛点头微笑，告诉唐僧一行，说并没有骗他们，“那的确是上上真经，既然你们读不懂，就送你们有字之经了”。佛启众生，常随智慧之不同，施用不同的方法。智慧的奥义如是，世间的一般道理亦如是。

浓夭淡久　大器晚成

桃李虽艳，何如松苍柏翠之坚贞！梨杏虽甘，何如橙黄橘绿之馨冽[①]！信乎！浓夭[②]不及淡久，早秀不如晚成也。

注释

①馨冽：馨，芳香。冽，本意为寒冷，此处作清香解。②浓夭：夭，夭折、早逝。美色早逝，称浓夭。

译文

桃树和李树的花朵虽然艳丽夺目，但是怎比得上一年四季永远苍翠的松树柏树那样坚贞呢！梨和杏的滋味虽然香甜甘美，但是怎比得上橘子和橙子经常飘散着的清淡的芬芳呢！的确不错，容易消逝的美色远不如清淡的芬芳持久；早有才名，不如大器晚成。

解读

春日的芬芳璀璨，浓烈感人，但只能争奇斗艳于一时。春阳暴暖，万紫千红，然而旬开旬落，徒增惆怅与伤感。而秋日的万物则显得成熟饱满，从容不迫。由物理及人理，青少年时期是人的黄金季节，这一时期人的生命绽放得最为灿烂夺目。少年得志，令人刮目相看。但少年成名者毕竟基础不牢，若不能继续努力，终逃不脱昙花一现的悲剧。而饱经忧患沧桑，打下坚实基础后，所成就的事业，就会更为稳定持久。

不以神用　何以得趣

人解读有字书，不解读无字书；知弹有弦琴，不知弹无弦琴[①]。以迹用[②]，不以神用，何以得琴书之趣？

《注释》

①无弦琴：此指宇宙万物的一切声响，也就是天籁。②迹用：以运用形体为主。

《译文》

人们懂得读有文字的书，却不懂得读没有文字的书；只知道弹奏有弦的琴，却不知道弹奏无弦的琴。只知道运用有形迹的事物，而不懂得领悟无形的神韵，如何能理解音乐和学问的真趣呢？

《解读》

据说唐朝的吴道子观公孙大娘舞剑，深受启发，把剑姿的飘逸之态和刚柔并济之骨应用到书法绘画中，所绘的画被人称为“吴带当风”。一些书法大师，看天上的万朵行云，也能悟出书法的笔道神韵，这些人已脱迹入神，融会贯通了大自然的道理。读有字书要得其精髓，读无字书要如抚无弦琴，方为出神入化。

至高境界，挥洒自如。万事万物皆有融通之处，不以神会，何以解之；不以神用，何以得趣！

野趣丰处　诗兴自涌

诗思在灞陵桥上[①]，微吟就，林岫[②]便已浩然[③]；野兴在镜湖[④]曲边，独往时，山川自相映发。

注释

①灞陵桥上：灞陵桥即灞桥，在今西安市东，古人多在此送别。②林岫：林，山林。岫，峰峦。③浩然：广大。④镜湖：在浙江省绍兴会稽山北麓。

译文

在灞陵桥上会令你产生诗的灵感，刚刚吟出诗句，山林就已经诗意盎然。镜湖曲折的水边充满野趣，独自漫步湖边时，看清澈的水面倒映着层层山峰，的确令人陶醉。

解读

中国的文人雅士，追求清新超凡的境界，讲求闲云野鹤之趣，松间林下之雅。在大自然的熏陶下，文人们诗如泉涌，气势磅礴。这是一种尽兴的艺术性人生，生活得如诗如画，汪洋恣肆，无拘无束。

人生境界不同，风景亦因之而异。当你以温柔含情的眼光打量人世，它也会对你报之一笑，为你呈现最美的世界。

品味菜根

诗人必有轻视外物之意，故能以奴仆令风月；又必有重视外物之意，故能与花鸟共忧乐。

——王国维《人间词话》

雪夜读书　登高心旷

登高使人心旷，临流使人意远；读书于雨雪之夜，使人神清；舒啸[1]丘阜之巅，使人兴迈。

◇注释◇

①舒啸：舒，伸展。啸，吹而发声。舒啸是发出心中闷气。

◇译文◇

登高会立刻使人感到心旷神怡，面对流水凝思会让人意境悠远；雨雪之夜读书，会让人神志清新；爬上小山朗声而啸，会使人感到意气豪迈。

◇解读◇

范仲淹登岳阳楼，把酒临风，心旷神怡，发出“先天下之忧而忧，后天下之乐而乐”的豪言；王之涣登鹳雀楼得传世名诗：“白日依山尽，黄河入海流，欲穷千里目，更上一层楼。”李白一曲“君不见黄河之水天上来，奔流到海不复回；君不见高堂明镜悲白发，朝如青丝暮成雪”，才情飘逸，勃然而发。杜甫一唱“无边落木萧萧下，不尽长江滚滚来”，引发多少人世沧桑。至若“忽如一夜春风来，千树万树梨花开”，“好雨知时节，当春乃发生，随风潜入夜，润物细无声”，低咏浅唱，尽是情性。陈子昂一首“前不见古人，后不见来者，念天地之悠悠，独怆然而涕下”，不知哭倒天下多少英雄豪杰。

猛气化冰　无事为福

一事起则一害生，故天下常以无事为福。读前人诗云：“凭君莫话封侯事，一将功成万骨枯。”又云：“天下常令万事平，匣中不惜千年死。”虽有雄心猛气，不觉化为冰霰矣。

译文

一事起就有一害生，所以天下人常将没有事端视为福气。前人曹松诗说：“奉劝大家还是不要再谈封侯拜相的事了，因为一名将军的战功都是千万人的头颅所堆成的。”又说：“如果能使天下永远太平无事，就是把所有的兵器都收藏在匣中一千年也不可惜。”读后即使本来有雄心壮志，也不由得立刻变成雨雪一般的冷寂。

解读

张养浩有散曲云：“望西都，意踌躇，伤心秦汉经行处，宫阙万间都做了土。兴，百姓苦；亡，百姓苦。”唐代诗人曹松则讲得更直：“凭君莫话封侯事，一将功成万骨枯。”战场征伐是以生灵涂炭、哀鸿遍野为代价的，做的是无益之功，为的是少数政客谋士的所谓理想。这种残酷的生死竞争有百弊无一利，应该受到有理智的人的唾弃。

心植善根　根固叶荣

心者，后裔之根，未有根不植而枝叶荣茂者。

译文

我们拥有善良的心是给后代子孙种下了幸福的根苗，这就如同栽花植树一般，如果不把根种植在土地里，就不可能枝叶茂盛、繁花似锦。

解读

家庭风气的好坏，直接影响子孙的品行，这是一个文化习得的过程。“龙生龙，凤生凤，老鼠生的会打洞”，虽说不能一律，但书香门第之子教养总是要相对高些。父母为官则儿女谙熟官场礼仪，父母从艺则儿女能习染艺术细胞，这些都是差不多的。父母若性情古怪，儿女也难免受到影响；父母为人慈善，儿女耳濡目染，总要有所仿效，所以为父母者不可不慎己。

韩伯俞泣杖

韩伯俞，汉代梁（今河南开封）人，性情至孝。一次，母亲认为他犯有过失，便用手杖打他，他痛哭起来，哭得十分伤感。母亲奇怪地问他：“从前我也曾用手杖打你，你从未哭过，今天为什么哭得这般模样？”韩伯俞回答说：“从前母亲用手杖打儿，儿都觉得痛，知道母亲康健有力；今天母亲用手杖打儿，儿不觉得痛，知道母亲已年迈力衰，因此悲泣。”曹植在《灵芝篇》中写道：“伯俞年七十，彩衣以娱亲。慈母笞不疼，歔欷泣沾巾。”所描写的就是这个故事。

厚德积福　逸心补劳

天薄[①]我以福，吾厚吾德以迓[②]之；天劳我以形，吾逸吾心以补之；天厄[③]我以遇，吾亨吾道以通之；天且奈我何哉？

注释

①薄：减轻。②迓（yà）：迎接的意思。③厄：压抑。

译文

假如上天不多增我的福分，我就多做善事培养品德来对待这种命运；假如上天用劳苦来困乏我的身体，我就用安逸的心情来保养我疲惫的身心；假如上天用穷困来折磨我，我就开辟我的求生之路来打通困境。假如我能做到这些，上天又能对我如何呢？

解读

如果老天对我不公平，我就以实际行动来填补这种不平。填补就是要主观努力，在命运面前，要树立自信。事实上，在这个世界之中，人和人之间的绝对平等是不存在的。你可能感到，上天给予别人的常常比给予你的要多，甚至命运常常在和你作对，但你必须正视这一现实。要知道，真正能消除不平等的只有你自己，你要自求多福，从现有条件着手参与竞争。自怨自艾只会蹉跎岁月，对个人成长毫无益处。

言者无行　谈者不真

谈山林[①]之乐者，未必真得山林之趣[②]；厌名利之谈者，未必尽忘名利之情。

注释

①山林：指山野林泉隐士所居之处。②趣：同味。李白《月下独酌》中有"但得醉中趣"之述。

译文

经常畅谈山野林泉生活之乐的人，未必就真的领悟了山林的真正乐趣；高谈讨厌功名利禄的人，心中未必就不存有名利思想。

解读

人们常讲，缺什么说什么。所以道家居有缺无，张口闭口谈无为，消极避世；圣人（孔子）体无言有，积极入世做事。世上的人，谈得最多的，正是他最缺的。一般老百姓经常谈钱，正是因为他们缺钱。士大夫不屑于利，是因为他们的利益已经有了保障。学问深的人觉得学无止境，不言满足；半瓶醋的人却喜欢高谈阔论，俨然学者。

【品味菜根】

作本色人，说根心话，干近情事。

——吕坤《呻吟语·补遗》

世间广狭　皆由自造

岁月本长，而忙者自促；天地本宽，而卑者自隘；风花雪月本闲，而劳攘[1]者自冗[2]。

注释

①劳攘：劳，形体的劳碌。攘，精神的烦忧困扰。②冗：用，此处是多而无用的意思。

译文

岁月本来很长，可是那些奔波劳碌的人却觉得时间很短促；天地本来很辽阔，可是那些心胸狭窄的人却把自己局限在小圈子里；春花秋月本来是供人欣赏调剂身心的，可是那些奔波辛劳的人却认为这是一种多余无益的东西。

解读

在现实生活中，有的人画地为牢，作茧自缚，奔波劳碌，一刻不闲，造物所设计的一切美好的东西，在他们那里兴味尽失。事实上，天地足够辽阔，能够使每一个人都生存下去；岁月足够宽容，能够提供我们不断奋斗的机会；生活足够美好，辽阔江天，四时变化，可以调养我们的心性。只要我们怀着一颗感恩之心、仁慈之心、宽厚之心、从容之心，就可以过着有滋有味的幸福生活。人生道路的广与狭，与自己的心态有很大关系。

会个中趣　破眼前机

会得个中趣，五湖[①]之烟月[②]尽入寸里[③]；破得眼前机，千古之英雄尽归掌握[④]。

注释

①五湖：古代关于五湖的范围有多种说法，此是泛指。②烟月：指大自然的山川景色。③寸里：心里。④掌握：本有指挥、控制的意思，此处是交往、效法之意。

译文

领悟了其中的乐趣，那么三江五湖的山川美景就融进了我的心田；看得破眼下机运事理，千古英雄豪杰由我尽情交往效法。

解读

文章读得入机时，豁然开朗；生活过得入趣时，訇然中开。天同此理，人同此心。在关键时刻，人有时颇具力度，可扭转时局，有时又茫然无知，虽居高位而难免。

万象皆幻　达人须达

山河大地已属微尘，而况尘中之尘[1]；血肉之躯且归泡影，而况影外之影[2]。非上上智[3]，无了了心[4]。

注释

①尘中之尘：比喻人及一切生物的渺小。②影外之影：指身外的名利权位如镜花水月转眼即逝。③上上智：最高智慧。④了了心：了当形容词用，明白、理解。

译文

我们居住的地球只不过是一粒尘埃，地球上的生物和无边的宇宙一比，更是尘中之尘；我们的躯体犹如短暂的浪花泡沫，可见那些比生命更短暂的功名利禄，如果和万古不尽的时间来比，真像过眼烟云、镜花水月。一个没有高尚智慧的人，是无法明白彻悟这种道理的。

解读

在中国和印度文化中，从总体来把握和理解人生的奥秘，被认为是大智慧。一曲“大江东去，浪淘尽，千古风流人物”，胸怀何等宽广，气度何等恢宏。豁达之人，彻悟了人生，因而能明山川之真趣，弃名利于身外。

世人熙熙，皆为利来；世人攘攘，皆为利往。纷纭人世，若要坦然度过，最好能有一个局外者的眼光。如此，才能寻到快乐与幸福的真谛。

广狭长短　由于心念

延促①由于一念，宽窄系之寸心。故机闲者②，一日遥于千古；意广者，斗室③宽若两间。

注释

①延促：延是长，促是短。此指时间长短。②机闲者：机，活动。机闲者是说能把握时间忙中偷闲的人。③斗室：形容房间的狭小。

译文

时间的长短是出于心理感受，空间的宽窄是基于心中的观念。所以心情闲散时，即使是一天时间也比千年还长；只要意境高超心胸旷达，即使是一间小小的房子也犹如天地那么宽广。

解读

空间和时间有心理与物理之别，“春宵一刻值千金”，“一日不见如隔三秋”，讲的是心理上的时间感受无法用实际的钟表来计算。时间总是在不停地向前走，一个人所拥有的空间是相对固定的。但对于一个人的思想来讲，往往可以跨越时间的长短，一个人若有博大的胸怀、高尚的情操，身居陋室，也能美名远扬。心灵的空间变得辽阔了，斗室即天下；把握时机，做事从容了，日子自然悠闲。

超越喧寂　悠然自适

嗜寂者，观白云幽石而通玄[1]；趋荣者，见清歌妙舞而忘倦。唯自得[2]之士，无喧寂，无荣枯，无往非自适之天。

注释

①玄：指深奥微妙广大无边的哲理。据《老子》："玄之又玄，众妙之门。"②自得：真正彻悟人生，保有自然本性。

译文

喜欢宁静的人，看到天上的白云和幽谷的奇石，就会领悟出极深奥的玄理；热衷权势的人，听到清歌，看到妙舞，就会忘掉一切疲劳。只有了悟人生之士，内心既无喧寂也无荣枯，凡事只求适合纯真天性而处于逍遥境界。

解读

"无喧寂，无荣枯，无往非自适之天"是中国传统文人千百年来无力回天、壮志难酬之时的心灵慰藉。没有喧嚣寂寞的分别，没有荣华衰枯的差异，悠然自适于天地之间，这固然是一种很好的养生之道，但在当今社会中，这种与世隔绝的生活方式只能作为理想而存在。只有懂得顺时而变，真正彻悟人生，保有自然本性的人，才能称得上"自得之士"。

浓处味短　淡中趣长

悠长之趣，不得于醲酽[①]，而得于啜菽饮水[②]；惆恨之怀，不生于枯寂，而是生于品竹调丝[③]。故知浓处味常短，淡中趣独真也。

注释

①醲酽：醲，味道醇厚的酒。酽，香味浓厚之茶。醲酽是说具有特别浓厚的滋味。②啜菽（shū）饮水：啜作吃；菽是豆类的总称。啜菽饮水比喻生活清淡。③品竹调丝：欣赏音乐。

译文

能维持久远的趣味，并不是从美酒佳肴中得来，而是在粗茶淡饭中得到；悲伤失望的情怀，并非产生在穷愁潦倒中，而是产生于美妙声色的欢乐中。可见，美食声色中获得的趣味常常显得很短，粗茶淡饭中获得的趣味才显得纯真。

解读

中国人认为，君子之交，平淡如水。茶分五等，清香为上。而在实际生活中，只有平淡方可从容。浓烈的生活，犹如春阳暴暖，姹紫嫣红，的确很美，但是迅开迅落，不得久长。爱情、婚姻、事业、生活，同此一理。

卧云弄月　绝尘超俗

芦花被[①]下，卧雪眠云，保全得一窝夜气；竹叶杯中，吟风弄月[②]，躲离了万丈红尘[③]。

注释

①芦花被：用芦苇花絮做的被，比喻粗劣之被。②吟风弄月：此指吟诗填词。③万丈红尘：指热闹繁华的地方。佛道两家均称人世为红尘。

译文

把芦苇花当棉被，把雪地当木床，眠于浮云中，就会保全一份宁静的气息；用竹子当酒杯，一边作诗填词一边尽情高歌，这样自然能远远逃开尘世的繁华喧嚣。

解读

在中国封建古代，隐士很多。其生活，一如陶渊明的诗句“结庐在人境，而无车马喧”“采菊东篱下，悠然见南山”，充溢着田园生活的雅趣。不过，像陶渊明这样，不为五斗米折腰、真正甘心隐居的并不多。如鲁迅先生所说，大凡隐士，既有一隐士之名，就已经不隐了。隐居山林，享田园之趣，多是知识分子逃避封建高压、等待时机的一种手段。至于以隐居为终南捷径者，更不在少数。

俗不及雅 淡反胜浓

衮冕[1]行中，著一藜杖[2]的山人，便增一段高风；渔樵路上，著一衮衣的朝士[3]，转添许多俗气。故知浓不胜淡，俗不如雅也。

注释

①衮冕：衮，古代君主、王公的礼服。冕，古代天子、诸侯、卿大夫等所戴的礼帽。衮冕此处是官位的代称。②藜杖：指手杖。王维诗有："悠然策藜杖，归向桃花源。"③朝士：指在朝为官的人。

译文

在冠盖云集的高官显贵之中，如果能出现一位手持藜杖身穿粗布衣裳的雅士，自然就会增加清高风采；在渔父樵夫中，假如加入一个朝服华丽的达官，反而增加很多俗气。所以荣华富贵不如淡泊宁静，红尘俗世不如山野清雅。

解读

古代有清流与朝官两立的传统，在清议之士这里，形成一种心理定式，仿佛一为官便俗，一入林便清。事实上，绝非在朝无雅士，山林无俗辈，关键要看人的品性是高雅还是低俗。从实际效果来看，清议之士中有很多人是空口不办事，甚至常常贻误国家大事，而在朝官员不乏忍辱负重，鞠躬尽瘁，为国为民造福之士。这中间，怎一个"雅俗"了得！

身放闲处　心在静中

此身常放在闲处，荣辱得失谁能差遣我；此心常安在静中，是非利害谁能瞒昧[①]我。

注释

①瞒昧：隐瞒实情。

译文

把自己的身心放在安闲的环境中，世间所有荣华富贵与成败得失都无法左右我；把自己的身心放在静寐的环境中，人间的功名利禄与是是非非就不能欺蒙我。

解读

把荣辱看淡，可以；无是非利害原则，不可。如果因为害怕是非成败和功名利禄的无常而否定了人的积极竞争与辛劳工作，我们的文明就无以为继。

品味菜根

吾闻诸夫子，圣人不从事于务，不就利，不违害，不喜求，不缘道；无谓有谓，有谓无谓，而游乎尘垢之外。夫子以为孟浪之言。而我以为妙道之行也。

——庄周《庄子·齐物论》

不希荣达　不畏权势

我不希荣，何忧乎利禄之香饵[①]？我不竞进[②]，何畏乎仕宦之危机？

注释

①香饵：饵是可以达到诱惑人目的的东西。②竞进：与人争夺。

译文

我不渴求荣华富贵，又何必担心他人用名利作饵来引诱我呢？我不和人竞争高低，又何必恐惧在官场中所潜伏的宦海危机呢？

解读

在古代官场中，陷阱四布，所以人们总结经验教训说“善泳者死于溺，玩火者必自焚”，“香饵之下必有死鱼”。在这样一种制度下，要想自保，最好的办法就是淡泊名利。而在现实生活中，竞争已成为一种促进社会发展的重要手段，因而我们在观念上也应有一个重大转变。

处之泰然

春秋时期，孔子的学生颜回，被孔子称为品格高尚的君子。有一天，孔子对其他学生说：“颜回的品质多么高尚呀！他用一个竹筐子吃饭，一个瓢喝水，住在简陋的小巷子里，别人都忍受不了这种困苦，颜回却照样快乐。他的品质是多么高尚呀！”南宋时期，著名学者朱熹曾注释过《论语》。在颜回的这段记载后面，朱熹感慨地写道：“颜回的家境贫困到如此地步，他却处之泰然。”

圣境之下　调心养神

徜徉[1]于山林泉石之间，而尘心渐息；夷犹[2]于诗书图画之内，而俗气潜消[3]。故君子虽不玩物丧志[4]，亦常借境调心。

注释

①徜徉：徘徊闲适的样子。②夷犹：徘徊流连不进的意思。③潜消：消失于无形。④玩物丧志：沉迷于玩赏珍奇宝物而使意志消磨掉。《尚书·旅獒》篇中有："玩人丧德，玩物丧志。"

译文

漫步山川林泉岩石之间，世俗的杂念就会渐渐平息；流连在诗词书画的环境里，就会使俗气渐渐消失。所以有才德修养的人，虽然不会玩物丧志，但是也需要经常找个机会接近大自然来调剂身心。

解读

借自然之美景调剂身心，暂时忘却繁忙劳碌中的紧张与争斗，把人间事看淡看开，这是自古以来人们调养身心的一种重要方法。你看，出猎的苏轼，意气多么昂扬，心情多么舒畅："老夫聊发少年狂，左牵黄，右擎苍，锦帽貂裘，千骑卷平冈。为报倾城随太守，亲射虎，看孙郎。"同样，流连于诗书图画之中，久而久之，也会让人心胸开阔，眼界高远。在现实生活中，人们劳碌操心，整日奔忙，若能劳逸结合，回到自然中去调剂一下，想必效果甚佳。

繁华之春　不若秋实

春日气象繁华，令人心神骀荡[1]；不若秋日云白风清，兰芳桂馥[2]，水天一色，上下空明[3]，使人神骨俱清[4]也。

注释

①骀（dài）荡：舒放散发。②馥：香气。③空明：比喻天地晴朗的状态。④神骨俱清：指精神和形体都感到舒适畅快。

译文

春天景象繁华热闹，使人感到精神舒适畅快，但是却不如秋天白云飘动，清风送爽，兰桂飘香，秋水与天空是一样的蓝色，天上地下一片明朗，使人身体和精神都清爽无比。

解读

唐朝刘禹锡有诗云："自古逢秋悲寂寥，我言秋日胜春朝。晴空一鹤排云上，便引诗情到碧霄。"诗人在这里表达的是自己对秋天的偏爱。秋天是成熟的季节、收获的季节，自然界到了秋天，渐显本来面目。秋高气爽，云白风清，万物经过一春一夏的热烈生长，逐渐变得从容有度，庄重有力，也预示着事物由形而神的转化，因而秋天是可爱的。

欲心邪念　虚心正念

欲其中者，波沸寒潭，山林不见其寂；虚其中者，凉生酷暑，朝市不知其喧。

译文

内心充满欲望的人，即使是寒潭也能掀起汹涌波涛，即使住在山林也体会不到寂静；内心毫无欲望的人，即使在盛夏季节也会感到浑身凉爽，甚至住在闹市也不觉得喧嚣。

解读

欲念一起，万马奔腾，心中无欲，佛土也静。人的精神往往能产生难以想象的作用，那些内心充满欲望的人，为了私欲蝇营狗苟，惶惶终日，实际上却得不到真正的快乐；而那些清心寡欲、洁身自好的人，却始终能保持内心的那份快乐与安然。

心动则气散

郑成功在台湾的时候，有个怪异的和尚武艺精湛，一身气功刀枪不入，得到郑成功的赏识。不久，这和尚便不把任何人放在眼里。郑成功忍无可忍，但又制服不了他。正在为难之际，大将刘国轩请命除掉和尚。之后，国轩去拜访那和尚，问和尚："您是佛门中人，不知见到美女会不会被吸引呢？"和尚说："心境虚空高远的和尚，内心早已变成沾泥絮了！"国轩便故意说道："那就让我来检验一下吧！"遂选了十几位美丽的女子来到和尚的身边，和尚先是谈笑自若，过了一会儿忽然闭上眼睛不看了。这时国轩拔剑一挥，和尚的脑袋顿时滚落在地。事后国轩说："他不过是用气功来控制自己。心定则气聚，心动则气散。"

富者多忧　贵者多险

多藏者厚[①]亡，故知富不如贫之无虑；高步[②]者疾颠[③]，故知贵不如贱之常安。

注释

①厚：堆积、增多。②高步：代指地位尊贵的人。③疾颠：跌得快。

译文

财富聚集太多的人，总忧虑丢的东西也多，可见富有不如贫穷那样使人无忧无虑；爬得高的人总害怕跌倒，可见地位高的人不像地位卑贱的人常能安宁。

解读

无官一身轻，无财不怕贼。作为针对封建时期特殊社会环境而提出的安身之法，我们不妨批判地借鉴。可鉴之处，人不可贪心过度。批判之处，人不能过于无为。

快意刘伶

晋代名士刘伶，字伯伦，与阮籍、嵇康等人相友好，被称为“竹林七贤”之一。刘伶身高六尺，面容很丑。他放纵性情，快意自适，常把庄子藐视宇宙、等同万物的哲学思想作为自己的主张。他恬静寡语，不随便交朋友。与阮籍、嵇康相会，就非常高兴，神情欢愉，拉着手走进竹林。刘伶从不把有无家产放在心上。他常乘人力挽拉的小车，带一壶酒，让人扛锹跟着，对随从说：“如果我死了，你就把我埋了。”他遗忘形体竟到这种地步。

乾坤自在　物我两忘

帘栊[①]高敞，看青山绿水吞吐云烟，识乾坤之自在；竹树扶疏[②]，任乳燕鸣鸠[③]送迎时序，知物我之两忘。

注释

①帘栊：以竹编成用来当窗或门的遮蔽物叫帘。栊，宽大有格子的窗户。②扶疏：枝叶茂盛。③乳燕鸣鸠：燕与鸠都是候鸟，春天向北飞，冬天往南去，在此代表春秋季节。

译文

高卷起窗帘望见烟雾迷蒙的青山绿水，才明白大自然多么逍遥自在；窗前花木茂盛翠竹摇曳生姿，任由乳燕鸣鸠冬去春来凌空飞过，使人理解到物我一体人我两忘的境界。

解读

“自在”和“自然”两个词，亦深亦浅，深可为独立的哲学名词，浅可为口头俗语，不过在这两种情况下，其中心意思一脉相承。文明被人们看作不自然之事，由来已久，人们利用自然为自己造福，大家“征服自然”，这里已经含有把人和自然对立的意味。佛教则努力消除这种对立，把人融入自然之中，变为自然的一部分。

生死成败　一任自然

知成之必败，则求成之心不必太坚；知生之必死，则保生之道不必过劳[1]。

注释

①劳：过分地费心思。

译文

知道了做事有成功就必然有失败，那么求取成功的心愿就不要太执着；知道了有生就必然有死，那么对于自己的养生之道就不必费尽苦心过于强求。

解读

作者从事物的自然规律来谈生死成败，是告诫人们做事不要以一时的得失来下结论，要学会等待时机，不要急于求成，而要有长远张弛之谋划，对于生死，人也不必过于费心。历史上有多少人为生死成败而煞费苦心，令人可悲可叹！其实世间万般事物皆有其本身的规律，用心去体会，努力去把握，到后来才不会空留余恨。但求成之心不可太切，过之则于己于世不利，过分地追求生命的不朽，不但达不到预期效果，反而适得其反。

猛兽易服　人心难制

眼看西晋之荆榛[1]，犹矜白刃[2]；身属北邙[3]之狐兔，尚惜黄金。语云："猛兽易伏，人心难降；谷壑易填，人心难满。"信哉！

注释

①荆榛：草木丛生。②矜白刃：矜，夸耀，自夸。白刃，利刃，锋利的刀剑。③北邙：河南省洛阳东北的北邙山，自汉代起即是有名的墓地。

译文

眼看着昔日武功最盛的西晋已变成了杂草茂盛的荒芜之地，可还有人在那里炫耀自己的武功；亲贵皇族，尸身已属北邙山陵墓间狐鼠食物，还何必那样爱惜自己的财富。俗谚说："野兽虽然易制伏，可是人心却难以降服；沟壑虽然容易填平，人的欲望却难以满足。"确实是这样！

解读

《邙山》中说："北邙山上列坟茔，万古千秋对洛城。城中日夕歌声起，山上惟闻松涛声。"《红楼梦》中《好了歌》道："世人都晓神仙好，惟有功名忘不了，古今将相在何方，荒冢一堆草没了。世人都晓神仙好，惟有金银忘不了，终朝只恨聚无多，及到多时眼闭了。"五尺之躯，皮囊一具，何以欲望如壑如渊，竟难填平？

人生无常　盛衰何恃

狐眠败砌[①]，兔走荒台，尽是当年歌舞之地；露冷黄花[②]，烟迷衰草，悉属旧时争战之场。盛衰何常？强弱安在？念此令人心灰！

注释

①砌：台阶。②黄花：菊之异名。李清照云："帘卷西风，人比黄花瘦"。

译文

狐狸做窝的残壁，野兔奔跑的荒野，都是当年美人歌舞的胜地；菊花在寒风中抖擞，枯草在烟雾中摇曳，都是以前英雄争霸的战场。兴衰成败如此无情？富贵强弱又在何方？想到这些，就会使人产生无限感伤而心灰意冷！

解读

胜迹凭吊，世事沧桑。变幻莫测的世事又有谁可以预料呢？当岁月匆匆而过之时，我们究竟该何去何从？茫然、彷徨，还是不知所措地随波逐流？非也！我们更应该在这种情况下清醒地把握住自己，一直向既定的目标努力！

品味菜根

汉庭荣巧宦，云阁薄边功。可怜骢马使，白首为谁雄。

——陈子昂《赠乔侍御》

宠辱不惊　去留无意

宠辱不惊①，闲看庭前花开花落；去留②无意，漫随天外云卷云舒。

注释

①宠辱不惊：对于荣耀与屈辱无动于衷。②去留：此处去是退隐，留是居官。

译文

对于荣耀屈辱无动于衷，心地安宁地欣赏庭院中的花开花落；对于升迁得失漠不关心，随意观看天上浮云随风聚散。

解读

中国封建士大夫在长期的宦海浮沉中总结出这一处世原则：对于荣耀屈辱，升迁贬谪，冷静待之，犹若一春一秋花木之盛衰荣枯，又若云卷云舒，自然之随意变化。有了这份心理准备，就可以使他们坚守的“达则兼济天下，穷则独善其身”的价值理想得以实现。而无论是进是退，都不至于引起过大的心理波动。这表明了中国封建士大夫心理的成熟和处世的从容有节，这种心理对处于激烈竞争中的现代人仍有很重要的参考价值。

【品味菜根】

夫宠而不骄，骄而能降，降而不憾，憾而能眕者，鲜矣。

——左丘明《左传·隐公三年》

苦海茫茫　回头是岸

晴空朗月，何处不可翱翔，而飞蛾独投夜烛；清泉绿果，何物不可饮啄，而鸱鸮[1]偏嗜腐鼠。噫！世之不为飞蛾鸱鸮者，几何人哉？

注释

①鸱鸮（chī xiāo）：鸟类的一科，头大，嘴短而弯曲。吃鼠、兔、昆虫等小动物，对农业有益。

译文

晴空万里，皓月当空，哪里不可以自由自在飞翔呢？可是飞蛾偏偏扑向夜烛自取灭亡；清澈泉水，翠绿瓜果，什么东西不可以饮食果腹呢？可是鸱鸮却偏偏喜欢吃腐烂的死鼠。唉！人间不做飞蛾和鸱鸮的人，究竟有几个呢？

解读

飞蛾扑烛，明知是火坑，偏向死亡中扑；鸱鸮食腐，明明有鲜美之物却弃而不食。人也如是，由于时代的局限，认识的局限，很多事在别人看来是牛角尖，自己却偏向里钻。有的事在过后看来是错的、可笑的，当时却毫无察觉。甚至明知有害，却偏偏难以克制，非要去做。人的意志力和洞察力的局限是多么大呀！

【品味菜根】

长恶不悛，从自及也，虽欲救之，其将能乎？

——左丘明《左传·隐公六年》

冷眼视事　如汤消雪

权贵龙骧[①]，英雄虎战，以冷眼视之，如蚁聚膻，如蝇竞血；是非蜂起，得失猬[②]兴，以冷情当之，如冶[③]化金，如汤消雪。

注释

①龙骧（xiāng）：骧，奔跑，腾跃。龙骧，气概威武。②猬：刺猬，全身长满如针毛刺，一遇敌人毛刺勃起。③冶：熔炼（金属）。

译文

达官显贵，表现出飞龙般的气概；英雄好汉，像猛虎般打斗决胜，若以冷眼旁观，如同看到蚂蚁被膻腥味道引诱在一起，苍蝇为争食血腥聚集在一起；是非宛如群蜂飞起一般纷乱，得失宛如刺猬竖起的毛刺一样密集，其实这种情景如果用冷静头脑来观察，就如同熔炉熔化金属，雪花碰到沸汤会马上融化。

解读

竞争是人类的本能，它总要以某种形式表现出来。战争和权力之争是其早期形式，而商品经济的竞争是其现代形式。战争应用了人类进化阶段最先进的技术和最卓越的智慧，表现出了最有力、最残酷的美，吸引了最优秀的人类成员投身其中。权力争夺也有类似的残酷之美和智慧的紧张应用，但这两种竞争形式基本上都是残酷的、负面的，甚至常常赤裸裸地表现出了人类尔虞我诈、求富逐贵的心机，因此历来为人们所诟病。事实上，只要形式加以改变，内容加以引导，就变化成为现代的竞争形式——商业竞争。这也是所谓的“如冶化金，如汤消雪”的效果吧！

心月开朗　水月无碍

胸中即无半点物欲，已如雪消炉焰冰消日；眼前自有一段空明[1]，时见月在青天影在波。

注释

①空明：通明透彻，指湖水或天空。

译文

一个人心中假如没有丝毫物质欲望，就像炉火化雪、太阳化冰一般快速而安然；眼前自会呈现一片空旷开朗景象，宛如看见皓月当空、月光倒映在水中一般宁静。

解读

宋明理学提倡“存天理，灭人欲”，认为人生在世，“无欲则静，静则明”。儒学的这种改造深受佛教“净欲去苦”和道教“出世无为”思想的影响，把中国人修身养性的标准推到了极端，形成了“君子耻于言利”的传统。欲望淡泊的确能使心情轻松，也能明心见性，通达事理，但节欲到了绝欲，物极必反，反而成了坏事。

【品味菜根】

重阶连栋，必浊汝真；金宝满室，将乱汝神；厚味来殃，艳色危身；求高反坠，务厚更贫；闭情塞欲，老氏所珍。

——卞兰《座右铭》

毁誉褒贬　一任世情

饱谙[①]世味，一任覆雨翻云，总慵[②]开眼；会尽人情，随教呼牛唤马[③]，只是点头。

注释

①谙：熟悉、了解。②慵：懒惰。③呼牛唤马：形容毁誉随人，语出《庄子·天道》篇："夫巧知神圣之人，吾自以为脱焉。昔者子呼我牛也而谓之牛，呼我马也而谓之马。苟有其实，人与之名而弗受，再受其殃。"

译文

一个饱经人世风霜的人，任凭人情冷暖世态炎凉如何变化，都懒得再睁开眼睛；一个看透了人情世故的人，人们随意对他呼牛唤马，都会若无其事地点点头。

解读

《庄子·天道》篇中说："夫巧知神圣之人，吾自以为脱焉。昔者子呼我牛也而谓之牛，呼我马也而谓之马。苟有其实，人与之名而弗受，再受其殃。"真是一个脱迹入神之人呀！叫我牛我就是牛吧，叫我马我就是马吧。假如一个人能视功名如黄土，视富贵如浮云，毁誉褒贬，一任世情，谁奈我何？人情世故，能以一"曾经沧海难为水"的心态待之，真够宽厚有容的了。古人云："不以物喜，不以己悲。"大概也是这种淡泊心境的最好诠释。

真得天然　造作减味

意所偶会便成佳境，物出天然才见真机，若加一分调停布置，趣意便减矣。白氏云："意随无事适，风逐自然清。"有味哉！其言之也。

译文

心中偶然有所领悟就是佳境，东西出于天然才能看出真的趣味；假如加上一分人工的修饰，就大大降低了天然趣味。所以白居易说："意念听任无为才能使身心舒畅，风要起于自然才能感到凉爽。"这两句诗真是意味深长。

解读

自然之美才是真正的美，一如"清水出芙蓉，天然去雕饰"，这也许便为美的至高境界了。由此可见，凡事不宜违反自然，否则便如同揠苗助长，物极必反。一个天真无邪的幼童一举一动都惹人怜爱，而一个"老天真"则让人感到不那么自然。山水盆景做得再逼真，也不像大自然中的山川河流、花鸟鱼虫那样生机盎然。

坦腹东床

晋朝的王羲之，能文善字，13岁时已有名气。当时太尉郗鉴，有一个女儿，才貌超群，一时找不到足以匹配的世家子弟。后来，想起了王家，郗太尉就派一个门生到王府去观察，看看是否有适当的人。那位门人到了王府，见王氏子弟个个一表人才，他们听说郗家遣人前来相亲，马上装模作样，态度都很不自然；只有一个青年，袒露着肚子，盘坐在床上吃东西，意态自如。门生观察后回去禀告，郗太尉听后说："那位毫不矫揉造作的青年正是我心目中的佳婿。"那人就是王羲之。

心境恬淡　绝虑忘忧

人心有个真境，非丝非竹[①]而自恬愉，不烟不茗[②]而自清芬。须念净境空，虑忘形释[③]，才得以游衍[④]其中。

注释

①丝竹：泛指音乐。②茗：茶水。③形释：形，躯体。释，解脱消除之意。④游衍：逍遥游乐。

译文

人内心保持一种真实的境界，没有音乐来调剂生活也会感到舒适愉快，无须焚香烹茶就会感到满室清香。只要能使思想纯洁心境空明，就会忘却一切烦恼，超脱自己形体，如此才能使自己逍遥游乐在生活的乐趣中。

解读

佛教讲“境由心造”“一切唯识”，又说“心静则佛土净”，都是告诉人们，在这世界上，内心的境界和由此产生的观念作用很大。如若内心有欲，便如万马奔腾，大江泄洪，不能自已；而内心清净，便月朗风清，闲云野鹤，自然界的一切自会清净芬芳。老庄说的清静无为，古人讲放浪形骸之外，就是要绝对断绝名利和物欲，使心境恬淡绝虑忘忧。

真不离幻　雅不离俗

金自矿出，玉从石生，非幻[1]无以求真[2]；道得酒中[3]，仙遇花里，虽雅不能离俗。

注释

①幻：假而似真，虚而不实。《列子·周穆王》：“有生之气，有形之状，尽幻也。”②真：真如实相。《唯识论》：“真谓真实，显非虚妄，如谓如常，表无变易。”③道得酒中：从饮酒中悟得真理，说明道理无所不存。

译文

黄金从矿山中挖出，美玉从石头中产生，可见不经过幻变就不能得到真悟；玄妙之理在饮酒中悟出，神仙也许能在声色场或繁花丛中遇见，可见脱离俗世便不能产生雅趣。

解读

任何事情都有其两面性，立场不同，看到的结果就不一样；任何事情又有其相对性，一旦条件积累成熟，矛盾的对立方就可能互相转化。所以，真实与虚幻，高雅与通俗，矛盾的对立中并没有绝对的界限。

始生之物，其形必丑。蝴蝶五彩斑斓，美丽之极，但其前身为蛹，并不悦目；美玉耀眼夺目，人见人爱，但本出于顽石，甚不起眼。所以人生在世，不要被眼前的现象所迷惑，而是要透过现象看本质。

同样，人人向往高雅，但无须处处远离通俗。无上的智慧，蕴藏于日常生活之中。参禅悟道，离不开衣食住行。所以，为参禅悟道而过分忽视生活，反而远离了禅与道；为追求高雅而刻意抵制通俗，实际上却背离了高雅。

布茅蔬淡　颐养天和

神酣[①]，布被窝中，得天地冲和[②]之气；味足，藜羹[③]饭后，识人生淡泊之真。

注释

①酣：本义为酒喝得很畅快，此处是浓睡、甜睡的意思。②冲和：谦虚、和顺。《晋书·阮瞻传》：“神气冲和。”③藜羹：藜草煮成的羹，泛指粗劣的食物。

译文

能在粗布被窝里睡得香甜的人，就能体会大自然的和顺之气；粗茶淡饭能吃得很香甜的人，才能领悟出恬淡生活中的真正乐趣。

解读

人生的真正快乐在于精神上的愉快。孔子说：“饭疏食，饮水，曲肱而枕之，乐亦在其中矣。不义而富且贵，于我如浮云。”人生若能率性而动，不仰人鼻息，即便粗茶淡饭也会感到甘之若饴，心情恬淡。人生贵在真诚，做人应当自然，不要过于委屈自己，就是生财致富也要“取之有道”。通过自己的劳动和智慧所获得的财富，享受起来也是心情愉快的。

断绝思虑　一真自得

斗室中，万虑都捐[①]，说甚画栋飞云，珠帘卷雨[②]；三杯后，一个自得，唯知素琴横月，短笛吟风。

注释

①捐：抛弃。②画栋飞云，珠帘卷雨：这西句话都在形容房屋的极度华丽。由王勃《滕王阁序》而来："画栋朝飞南浦云，珠帘暮卷西山雨。"

译文

住在斗室之中，世间的一切忧愁烦恼全都消除，还奢望什么雕梁画栋飞檐入云以及珍珠穿成的帘子像雨珠般玲珑的豪华设施；三杯酒下肚，纯真本性涌出，这时只知道对明月弹琴，临清风吹笛。

解读

刘禹锡说"山不在高，有仙则名，水不在深，有龙则灵，斯是陋室，惟吾德馨"，强调的是人要有高雅的情趣。"谈笑有鸿儒，往来无白丁，可以调素琴，阅金经"，如果能这样，即便是斗室一间，又"何陋之有"呢？中国士大夫历来注重修身养性，注重内在气质的培养，"欣然坐我斗室底，满室岚气生清香"。

任其自然　万事安乐

幽人①清事总在自适，故酒以不劝为欢，棋以不争为胜，笛以无腔为适②，琴以无弦③为高，会以不期④约为真率，客以不迎送为坦夷⑤。若一牵文泥迹⑥，便落尘世苦海矣！

注释

①幽人：隐居不仕的人。②笛以无腔为适：意思是只为陶冶性情不一定要讲求旋律节奏。③无弦：陶渊明诗"但识琴中趣，何劳弦上音"。④会以不期：会，约会。不期，是说没有指定时间不受时间所约束。⑤坦夷：宽舒，喜悦。韩愈诗有"颍水清且寂，箕山坦而夷"。⑥牵文泥迹：为一些烦琐的世俗礼节所牵挂拘束。

译文

清高的人和高雅的事都在求顺遂自己的本性，因此喝酒时谁也不劝谁多喝，尽兴为乐；下棋以不为一棋之争伤和气为胜；吹笛以不按固定腔调为高；弹琴以信手拨弄为高雅；和朋友约会以不期而遇为真率；客人以不送往迎来为最自然。反之，有丝毫受到世俗人情礼节的约束，就会落入尘世苦海而毫无乐趣。

解读

做人如果能免掉世俗客套，随心所欲，脱迹入神，自会活得自然轻松。况且，饮酒、下棋、吹笛、弹琴，不过是我们调剂生活的一种乐事而已，实在没必要过于认真，尤其是朋友之间，过多的客套礼节反而显得生疏，一落其中便见得"虚"了，"俗"了。

思及生死　万念灰冷

试思未生之前有何象貌，又思即死之后作何景色？则万念灰冷。一性寂然[①]，自可超物外游象先[②]。

注释

①一性寂然：一当单纯全新解，一性寂然指本性单纯宁静。②象先：象是形状、样子，先当超越解，象先是指超越于各种形状。《老子》："吾不知谁之子，先帝之象。"

译文

想想看，人在没出生之前又有什么形体相貌呢？再想想，死了以后又是一番什么景象呢？一想到这些不免万念俱灰。不过精神是永恒的，保持了纯真本性，自然能超脱物外遨游于天地之间。

解读

中国古代文化中对于人的生死有两种态度。认为人应该忙于现世的工作，要先把日子过好，把事情办好，人连现世的事情尚且没有做好，哪里有什么资格去谈死呢？这就是孔子所说的"未能事人焉能事鬼？未知生焉知死？"不过也有另外一种传统存在，可以叫作"向死而生"。这种看法认为人首先要认真考虑生死问题，想一想生前什么样，再想一想死后又是什么样。这样一考虑，把生死都看破了，"万念灰冷"，既知生不足喜，死不足惜，那就寻找一个不同于生死的相对永恒的东西，这种东西，在佛教那里即"灵魂"，可随生死轮回，永世流转，在道教那里即"寂然本性"，可超然物外，游于象先，从而摆脱世俗的纠缠。

雌雄妍丑　俄而何在

优人[①]傅粉调朱，效妍[②]丑于毫端，俄而歌残场罢，妍丑何存？奕者争先竞后，较雌雄[③]于着子，俄而局尽子收，雌雄安在？

注释

①优人：伶人，旧时称演戏的人。②妍：美好、美丽。③雌雄：比喻胜负、高下。《史记·项羽本纪》："愿与汉王挑战决雌雄。"

译文

伶人在脸上搽胭脂涂口红，把一切美丑都决定在化妆笔的笔尖上，转眼之间歌舞完毕、曲终人散，方才的美丑又到哪里去了呢？下棋在棋盘上激烈竞争，把一切胜负都决定在棋子上，转眼之间棋局完了子收人散，方才的胜败又到哪里去了呢？

解读

宋儒邵尧夫有诗云："尧舜指让三杯酒，汤武争逐一局棋。"认为行善不过三杯酒的事，作恶不过一局棋而已，人生不过数十寒暑，弹指一挥间。是非成败在历史的长河中都是短暂的，整部历史犹若一场大戏，戏中人物，喜怒哀乐悲欢离合，尔虞我诈你争我夺，你方唱罢，我又登场，终不过是为利益而征战杀伐。最后不过如对弈争竞，棋终人散。由此可知，人生短暂，转眼即逝，何苦费尽心机，决尽雌雄呢？须知："是非成败转头空，青山依旧在，几度夕阳红。"

自然真趣　闲静可得

风花之潇洒[①]，雪月之空清，唯静者为之主；水木之荣枯，竹石之消长，独闲者操其权[②]。

注释

①潇洒:（神情、举止、风貌等）自然大方，有韵致，不拘束。②权：秤锤，用来称物的轻重，引申为权衡得失。

译文

清风下花儿随风摇曳的洒脱，明月下积雪的空旷清朗，只有内心宁静的人才能成为它们的主人。树木的茂盛与枯萎，竹石的消失与生长，唯有富于闲情逸致的人才能掌握其变化规律。

解读

一个人如果过于劳碌浮躁，自然没有风花雪月、水木竹石的心思。只有内心宁静、闲适自得之人，才能真正享受这些怡人景色。不过，世上之物，以缺为贵，一天到晚沉迷于风花雪月，迷恋于山川美景，未必有劳碌之余，忙里偷闲之人的感受来得深刻真切。乡下人向往都市生活，都市人流连田园风光，均因各自在对方那里可获得耳目一新的感受。

人我合一　去留鸟伴

兴逐[①]时来，芳草中撒履闲行，野鸟忘机[②]时作伴；景与心会，落花下披襟兀坐[③]，白云无语漫相留。

注释

①逐：当动词用，是相随的意思。②忘机：机当诡诈解，指忘却人类机诈的危险。③兀坐：兀，不动的意思。兀坐，坐得出神。

译文

心血来潮时，脱下鞋袜光脚在草地上散步，就连野鸟也会忘记被人捕捉的危险和我做伴；当大自然的景色和我的思想融为一体时，披着衣裳静坐在落花下沉思，就连不说话的白云也会漫不经心地留恋依依。

解读

一休是日本著名的禅师。当他在门前休息时，孩童揪着他的胡须打秋千，连野鸟也在他肩上嬉戏、停留，人在这种时刻已经和自然浑然一体，达到了物我两忘的境界。这种境界，真是快乐似神仙呀！也只有善于调节生活，净心修习养性，废却世间心机的人才能享受这份景与心会的快乐。

观物有得　勿徒流连

栽花种竹，玩鹤观鱼，亦要有段自得处。若徒留连光景，玩弄物华[1]，亦吾儒之口耳[2]，释氏之顽空[3]而已。有何佳趣？

注释

①物华：美丽繁茂的景色。②口耳：口传耳听，形容无利于身心的教学。③顽空：认为万事皆空，只知自身出世修行，而不知救世的消极方法。顽空有只知逃避现实而冥顽不化的意味。

译文

栽种一些花竹树木，饲养一些鹤鸟鱼类，也要懂得悠游其间怡然自得的道理。如果只是迷恋其景致，玩赏一些奇花异木珍禽异兽，那不过是儒家所说“小人之学，耳入口出”和佛家所说的“只知诵经，不明佛理”的表面文章而已，又哪里有高尚的情趣呢？

解读

花有花道，茶有茶道，盆景有盆景的艺术，钓鱼有钓鱼的技巧。玩物要玩出规律，整理出秩序，要领悟出其中的情趣和做人做事的道理，就要有一颗创造之心，要考虑从修身养性出发，发现解决问题的办法，修得匡世济时的心胸。而不能玩物丧志，忘记了自己的社会义务和责任。

品味菜根

先默坐静思，随意所适，言不出口，气不盈息，沉密神采，如对至尊，则无不善。

——蔡邕《笔论》

陷于不义 生不若死

山林之士，清苦而逸趣自饶[①]；农野之人，鄙略[②]而天真[③]浑具。若一失身市井驵侩[④]，不若转死沟壑[⑤]神骨犹清。

注释

①饶：富有、丰足。②鄙略：鄙，浅鄙。略，计谋、才华。鄙略是指才华低劣。③天真：天真烂漫，任其天然，未加丝毫人为教养的真性。④驵(zǎng)侩：马匹交易的经纪人，泛指经纪人。⑤壑：山沟或积水的坑。

译文

隐居山野林泉的人，生活清贫，却享有雅逸的精神情趣；种田耕作的人，粗鲁愚鄙，却具有朴实纯真的天性。假如一旦回到都市，变成一个充满市侩气的奸商蒙受污名，倒不如死在荒郊野外，还能保持清白的名声及尸骨。

解读

古人讲“杀身成仁，舍生取义”，是值得赞美和继承的民族精神。但是中国古代重义轻利，认为商人使用谋略算计，卑俗狡诈，因而充满市侩气，名之曰“奸商”。这种偏见积痼很深，以致形成了反文明的传统，事实上是以一种原始的本能道德（朴实纯真）来反对一种扩展秩序下的新型道德（公平交易、两相无欺、互惠互利）。中国古人对商人总不放心，两眼圆睁，想看清商人用了什么魔法赚（骗）去了他们的财富，结果是他们什么也没看到，因而疑虑更深，老感到其中有诈，总归是不义，至于他们自己，则宁可饿死，也不愿沾了这份俗气。

茫茫世间　矛盾之窟

淫奔之妇，矫[①]而为尼；热中之人[②]，激而入道。清净之门，常为淫邪之渊薮[③]也如此。

◇注释◇

①矫：伪装、假托。②热中之人：指沉迷于功名利禄之人。《孟子》："仁则慕君，不得于群则热中。"③渊薮（sǒu）：渊，深水，鱼之集所。薮，人或物聚集的地方。渊薮在此处当聚集之处。

◇译文◇

淫荡而跟人私奔的妇女，可以伪装成要到庙里去做尼姑；沉迷于权势名位而终日钻营的人，会由于一时激进而遁入空门去当道士。远离红尘极清净的地方，谁知却常常成为淫荡邪恶之徒的聚集之处。

◇解读◇

山林清修为隐士，本是高雅之士所为，但有时也会被那些利欲熏心的人用来作为暂避灾祸或蒙蔽人心的场所；佛道之门本是信徒清修的场所，偏偏有许多六根不净的人要托身其中；有的人做事不务实只求形式，不行善却以善名行事骗人。所以看人要看清他的本质，做人要力求表里如一。

世间皆乐　苦自心生

世人为荣利缠缚，动曰尘世苦海。不知云白山青、川行石立、花迎鸟笑、谷答樵讴[①]，世亦不尘，海亦不苦，彼自尘苦其心尔。

注释

①谷答樵讴：讴，齐声同唱。谷答是指山谷间的回音。樵，樵夫。谷答樵讴是说樵夫一边砍柴一边唱歌。

译文

世人都被虚荣心和利禄心所困扰，因此一开口就说人间是一个大苦海。他们却不知道白云笼罩下的青山翠谷，奔流河水中的奇岩怪石，迎风招展的美丽花卉，呢喃歌唱的可爱小鸟，以及樵夫歌唱时的山鸣谷应之声，人间既非尘嚣万丈，世界也非苦海一片，只是人们使自己的心落入尘嚣堕入苦海而已。

解读

假若人自己不为物欲情欲所困扰，自己能看开名利，又怎能不见山川，不见美景呢？同理，世间本就没有什么苦乐可言，一切苦乐皆由人心不适产生。好名之人必为虚名所苦，重利之心必为贪利所困。所谓的苦海固然有物累，但人心不足贪图不只是堕入苦海的主要原因。如果人还不注意调剂，不去感受云白山青、花迎鸟笑之美，不去发现生活中的欢乐，人可就真要永沐苦海，没有边缘了。

口耳嗜欲　但求真趣

茶不求精而壶亦不燥[①]，酒不求洌而樽[②]亦不空；素琴无弦而常调，短笛无腔而自适。纵难超越羲皇[③]，亦可匹俦[④]嵇阮[⑤]。

注释

①燥：干涸。②樽：盛酒的器具。③羲皇：指伏羲氏，为上古时代的皇帝。④匹俦：匹敌。匹俦在此作媲美解。⑤嵇阮：嵇是嵇康，字叔夜，资性高迈不群，官拜中散大夫不就，常弹琴咏诗以自娱。阮籍，字嗣宗，好老庄，嗜酒善琴。

译文

喝茶不一定要喝名茶，但是必须维持壶底不干；喝酒不一定要喝名酒，但是必须维持酒壶不空。无弦之琴虽然弹不出旋律来，然而足可调剂我的身心；无孔的横笛虽然吹不出音调来，却可使我精神舒畅。一个人假如能达到这种境界，虽然还不能算超越伏羲氏，但是起码也可媲美嵇康、阮籍。

解读

“座上客常满，樽中酒不空。”座上之客，无非嵇阮，樽中之酒，何求清冽。调素弦之琴，足以怡情，吹无腔之笛，自当适性。满眼繁华，自当云烟之过，人生境界，何必狗苟蝇营。人生在世，所希冀者，无非修身养性，汲取天地之精华，承载自然之雨露，故能清虚超脱，与世无争。

菜根谭的智慧

版式设计：周　正
文字编辑：白海波
美术编辑：罗筱筱